AF193229

La nanocelulosa

Jose Miguel González Domínguez

CATARATA

Colección ¿Qué sabemos de?

DIRECCIÓN
ISABEL VARELA NIETO

SECRETARÍA
CARMEN GUERRERO MARTÍNEZ

COMITÉ EDITORIAL
PILAR TIGERAS SÁNCHEZ, CSIC
PURA FERNÁNDEZ RODRÍGUEZ, VACC, CSIC, MADRID
MANUEL DE LEÓN RODRÍGUEZ, ICMAT, CSIC, MADRID
ARANTZA CHIVITE VÁZQUEZ, EDITORIAL LOS LIBROS DE LA CATARATA
JAVIER SENÉN GARCÍA, EDITORIAL LOS LIBROS DE LA CATARATA
CARMEN PÉREZ SANGIAO, EDITORIAL LOS LIBROS DE LA CATARATA
JOSÉ ANTONIO LÓPEZ CEREZO, UNIVERSIDAD DE OVIEDO
MARÍA BLANCH, UNIVERSIDAD COMPLUTENSE DE MADRID
RAÚL IBÁÑEZ TORRES, UNIVERSIDAD DEL PAÍS VASCO
JUAN ÁNGEL VAQUERIZO, ISDEFE
MARÍA ISABEL PORRAS GALLO, UNIVERSIDAD DE CASTILLA-LA MANCHA

CATÁLOGO DE PUBLICACIONES DE LA ADMINISTRACIÓN GENERAL DEL ESTADO:
https://cpage.mpr.gob.es

© Jose Miguel González Domínguez, 2026
© CSIC, 2026
http://editorial.csic.es
editorialcsic@csic.es
© Los Libros de la Catarata, 2026
Zurbano, 76
28010 Madrid
Tel. 91 532 20 77
www.catarata.org

ISBN (CSIC): 978-84-00-11549-4
ISBN ELECTRÓNICO (CSIC): 978-84-00-11552-4
ISBN (CATARATA): 978-84-1067-547-6
ISBN ELECTRÓNICO (CATARATA): 978-84-1067-548-3
NIPO: 155-26-031-5
NIPO ELECTRÓNICO: 155-26-032-0
DEPÓSITO LEGAL: M-4.298-2026
THEMA: PDZ/PDT/TBN

RESERVADOS TODOS LOS DERECHOS POR LA LEGISLACIÓN EN MATERIA DE PROPIEDAD INTELECTUAL. NI LA TOTALIDAD NI PARTE DE ESTE LIBRO, INCLUIDO EL DISEÑO DE LA CUBIERTA, PUEDE REPRODUCIRSE, ALMACENARSE O TRANSMITIRSE EN MANERA ALGUNA POR MEDIO YA SEA ELECTRÓNICO, QUÍMICO, ÓPTICO, INFORMÁTICO, DE GRABACIÓN O DE FOTOCOPIA, SIN PERMISO PREVIO POR ESCRITO POR EL CONSEJO SUPERIOR DE INVESTIGACIONES CIENTÍFICAS Y LOS LIBROS DE LA CATARATA. LAS NOTICIAS, LOS ASERTOS Y LAS OPINIONES CONTENIDOS EN ESTA OBRA SON DE LA EXCLUSIVA RESPONSABILIDAD DEL AUTOR O AUTORES. EL CONSEJO SUPERIOR DE INVESTIGACIONES CIENTÍFICAS Y LOS LIBROS DE LA CATARATA, POR SU PARTE, SOLO SE HACEN RESPONSABLES DEL INTERÉS CIENTÍFICO DE SUS PUBLICACIONES.

Índice

Introducción

"Nano… ¿qué?". Mi cara de sorpresa, casi de incredulidad, al exclamar aquello en un volumen de voz más alto que el ruido de mi entorno, fruto de la emoción, hizo que toda la mesa fijase súbitamente la mirada en mí. Continué en voz más baja: "¿Nanocelulosa? No sé lo que es, pero… ¡Suena flipante! ¡Explícame más!".

Corría el año 2013 y yo estaba recién llegado al Departamento de Ciencias Químicas y Farmacéuticas de la Universidad de Trieste (en Italia), adonde me había trasladado para realizar un periodo de investigación posdoctoral a cargo de un contrato Marie Curie que me habían concedido escasos meses antes. Me había doctorado un año y medio atrás y ya tenía cierta experiencia posdoctoral, pero esta era mi primera experiencia profesional de investigación como doctor fuera de España, y todo pintaba perfecto.

Nada más llegar el primer día y conocer a la gente del laboratorio, nos fuimos a tomar un café, y allí en mitad de la vorágine de la cantina universitaria me puse a preguntar a cada uno de mis compañeros y compañeras en qué trabajaban. Tras varios intercambios de comentarios, una compañera me dijo que trabajaba con nanocelulosa, y aquella fue la primera vez que lo escuché. Fue tal la curiosidad que me suscitó aquel término que nunca se me fue del pensamiento.

Desde los comienzos de mi carrera investigadora hasta ese momento había estado más de seis años investigando distintas nanoestructuras como, por ejemplo, nanotubos de carbono o nanocintas de grafeno, y había oído hablar de tantas y tantas otras *nanocosas*, pero nunca me había topado con la nanocelulosa. *Nanocelulosa*. Me explotó la cabeza al pensar que un material natural tan importante tuviese una variante nano. Por vicisitudes de la vida científica ahí quedó la cosa. Seguí trabajando en mis quehaceres, con otras nanoestructuras diferentes, mientras observaba de reojo y con anhelo a la nanocelulosa. No fue hasta 2018, tras una relación fugaz y feliz con nanopartículas fluorescentes, y otra relación más larga y tóxica (en todos los sentidos) con el grafeno, que pude tomar las riendas de mis propias investigaciones y decidí apostar por aquel amor platónico que me había encandilado cinco años antes: la nanocelulosa.

Este libro que tienes ahora en tus manos viene motivado por la necesidad de divulgar a todo tipo de público la existencia y características de este nanomaterial de vanguardia aún muy desconocido por la sociedad, pero con millones de años de antigüedad en nuestro planeta. Trataré de presentar y definir los pormenores de este nanomaterial que, paradójicamente, tenemos tan cerca y en tantos lugares del planeta, pero que solo en tiempos recientes se está dando a conocer y se está descubriendo todo el potencial que tiene. Lo que aquí he tratado de plasmar no corresponde solamente a los conocimientos adquiridos después de ocho años de "romance" científico con esta nanoestructura, de interés emergente en ciencia y tecnología, sino que es también la representación de toda una visión sobre cómo puede ser un verdadero motor de transformación. La nanotecnología, que paulatinamente va teniendo presencia en la sociedad (forma parte de productos de consumo, dispositivos avanzados, materiales y estructuras…), tiene un pasado ampliamente desconocido y un futuro que pide a gritos virar hacia prácticas y recursos más sostenibles para poder desempeñar plenamente su papel clave en nuestra sociedad. La nanocelulosa puede ser, por tanto, palanca de cambio en todo este contexto.

Sirva esta introducción para poner de manifiesto que voy a explicar, lo mejor que pueda, qué es eso de la nanocelulosa y justificar por qué estoy convencido de que este nanomaterial puede jugar un papel muy relevante en un futuro no muy lejano. Para ello, a través de una sucesión de capítulos, haré un recorrido para mostrar la misma secuencia por la que yo descubrí este nanomaterial y las circunstancias que lo rodean (eso sí, más resumidamente y en mucho menos tiempo).

Así, este libro invita a conocer las bases de la nanociencia y la nanotecnología, haciendo especial hincapié en las nanoestructuras de carbono como el nanotubo, el fullereno o el grafeno (piedras angulares de los mayores avances conocidos en nanotecnología), para a continuación revelar que ciertos nanomateriales ya llevaban siglos (o milenios) entre nosotros, mucho antes del momento en que creímos que el ser humano los había descubierto o fabricado de cero. Percatarse de que la naturaleza es la mayor y mejor entidad fabricante de nanomateriales es clave para entender que existen algunos de ellos "escondidos" en formaciones naturales, como por ejemplo dentro del polímero natural más abundante de la Tierra, que es la celulosa. Sí, la misma celulosa del papel o del algodón, eso que tantas veces al día utilizamos para diversos fines, tiene una estructura que alberga pequeños nanoobjetos, tales como nanocristales o nanofibras, que pueden (y ya están comenzando a hacerlo) crear toda una revolución en nanociencia y nanotecnología gracias a sus inigualables propiedades físicas y químicas. Este libro entrará de lleno también en todos esos avances nanotecnológicos que está potenciando o posibilitando la propia nanocelulosa, desde ser herramienta de procesado sostenible hasta solucionar grandes retos en áreas tan importantes como la energía, el medioambiente, el procesado de alimentos o la biomedicina.

Así que, sí, la celulosa tiene su lado nano… y no, no es algo tan simple como el papel que la contiene. Preparémonos para descubrir que lo pequeño puede ser enorme y que la naturaleza lleva siglos haciendo nanotecnología sin laboratorio, sin bata y sin necesidad de superpoderes.

Porque como le dijeron una vez a Spiderman: "Un gran poder conlleva una gran responsabilidad". Y creedme, cuando veáis lo que puede hacer la nanocelulosa, vais a entender que este nanomaterial no solo tiene poder, sino también la responsabilidad de cambiar el rumbo de la nanotecnología. ¿List@s para lanzaros a la telaraña del conocimiento?

CAPÍTULO 1

'El tamaño importa' y 'hay mucho espacio en el fondo'. Breve repaso a la nanotecnología

El prefijo *nano* proviene de un término griego que significa 'diminuto', 'algo muy pequeño', y en un contexto científico representa una subdivisión de unidades de una milmillonésima parte (10^{-9}) de algo, de tal manera que si hablamos de masa, 1 nanogramo correspondería a 10^{-9} gramos, o si hablamos de longitudes, 1 nanómetro sería la milmillonésima parte del metro, es decir, 0,000000001 metros. Para ponerlo en perspectiva, una sola hebra de cabello humano tiene un grosor de aproximadamente 60 000 nanómetros (nm), mientras que la doble hélice del ADN tiene un diámetro de en torno a 2 o 3 nm. Especialmente en lo que refiere a las nanodimensiones, existe toda una corriente científica y tecnológica que estudia la importancia y consecuencias de que la materia pueda alcanzar tamaños tan pequeños, algo que no sucede con semejante trascendencia en otras magnitudes físicas como la masa o la presión.

Ahora bien, es necesario aclarar una confusión común: nanociencia frente a nanotecnología. La nanociencia se centra en el estudio de la materia a escala nanométrica (por convenio, atribuida al caso de que alguna de las dimensiones, largo, alto o ancho, caiga en el rango entre 1 y 100 nm), tales como moléculas de cierto tamaño o estructuras diminutas formadas por pocos átomos o moléculas pequeñas. Simplemente por alcanzar esos tamaños y no otros mayores o menores, la materia se comporta de modo totalmente único y diferente, apareciendo nuevos fenómenos y propiedades. La nanotecnología, por otro lado, toma ese conocimiento generado por la nanociencia y lo utiliza para construir herramientas y dispositivos que sirvan para realizar una tarea importante en las necesidades del mundo real. Curiosamente, las raíces de este campo de estudio se remontan a la antigua Grecia. En el siglo V a. C., el filósofo Demócrito ya se preguntaba si la materia podía dividirse infinitamente o si estaba compuesta de diminutos "bloques" indivisibles. Hoy en día llamamos átomos a esos bloques, y comprenderlos y manipularlos son tareas fundamentales para todo lo que se hace en la nanociencia y la nanotecnología. Por lo tanto, haber empezado a pensar ya sobre esas escalas de tamaños hace unos 2500 años fue esencial para llegar a la revolución que estamos experimentando hoy. Dicho de otro modo, el tamaño importa, y mucho, pero quizá en un sentido distinto al que cualquiera podría imaginarse en un primer momento.

FIGURA **1**
Esquema orientativo sobre los tamaños relativos de entidades cotidianas y nanoestructuras, señalando el rango que corresponde a la escala nanométrica. La subdivisión no está en perfecta correlación.

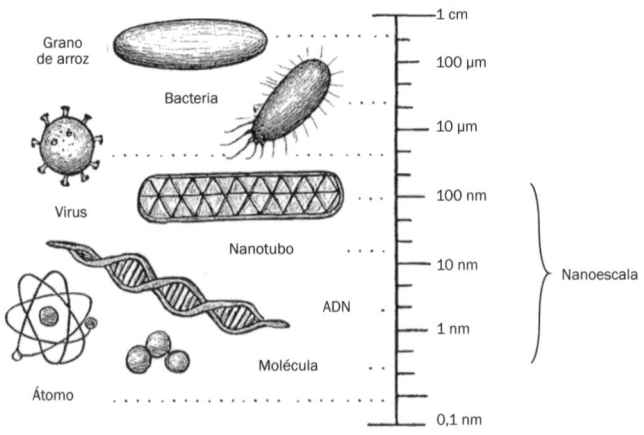

FUENTE: IMAGEN GENERADA MEDIANTE HERRAMIENTA DE IA Y RETOCADA DIGITALMENTE.

La nanotecnología es una de las tecnologías más prometedoras del siglo XXI. Como se ha dicho, nace de la capacidad de convertir la teoría aprendida de la nanociencia en aplicaciones tangibles y útiles mediante la observación, medición, manipulación, ensamblaje, control y fabricación de materia a escala nanométrica (fundamentalmente conjuntos de átomos o pequeñas moléculas). La Iniciativa Nacional de Nanotecnología (NNI) de Estados Unidos define la nanotecnología como "una ciencia, ingeniería y tecnología desarrollada a escala nanométrica (de 1 a 100 nm), donde fenómenos únicos permiten aplicaciones novedosas en una amplia gama de campos, desde la química, la física y la biología hasta la medicina, la ingeniería y la electrónica". Por otro lado, en la propia Unión Europea, en palabras de la propia Comisión para la Ciencia e Investigación, "la nanotecnología es un campo con perspectivas muy prometedoras para convertir la investigación fundamental en innovaciones de gran éxito. No solo para impulsar la competitividad de nuestra industria, sino también para crear nuevos productos que impacten positivamente en la vida de nuestra ciudadanía, ya sea en medicina, medioambiente, electrónica o en cualquier otro campo".

Estas definiciones implican la presencia de dos condiciones esenciales para que se dé la nanotecnología. La primera es una cuestión de escala: la nanotecnología se centra en el uso de estructuras controlando su forma y tamaño hacia la escala nanométrica (como decíamos, la milmillonésima parte del metro), que necesariamente conlleva un área superficial de contacto extraordinariamente mayor que los materiales macroscópicos de los que proviene. La segunda cuestión tiene que ver con los fenómenos cuánticos que suceden en esa escala de tamaños. La nanotecnología debe conseguir tales nanoobjetos de maneras nunca antes abordadas, tal que se aprovechen ciertas propiedades intrínsecas a la nanoescala. Podemos tener nanomateriales o nanopartículas que exhiban nuevos colores o efectos ópticos que no tenían cuando estaban estructuradas a tamaño macroscópico; por ejemplo, que un material pase de ser aislante eléctrico o térmico a tener una altísima conductividad, que pase de opaco a totalmente transparente, o que sea inicialmente inerte y que los tamaños nanométricos le otorguen una reactividad química única. Simplemente por entrar en este rango de tamaños, los materiales experimentan fenómenos físicos complejos que hacen que se pueda comportar como algo nuevo, exhibiendo propiedades distintas, nunca antes vistas.

¿Cuándo fue que empezamos a oír hablar de nanociencia y nanotecnología?

Existen algunos informes que describen la historia de la nanociencia y la nanotecnología, pero ninguno que las resuma desde sus inicios hasta la actualidad de manera progresiva. Por lo tanto, es fundamental resumir los principales eventos que tuvieron lugar en el campo de la nanociencia y la nanotecnología para comprender completamente el desarrollo de esta área del conocimiento. El físico teórico estadounidense (y ganador del Premio Nobel de Física en 1965) Richard Feynman introdujo el concepto (que no el término) de lo que es la nanotecnología en 1959. Durante la reunión anual de la Sociedad Americana de Física, Feynman presentó una conferencia titulada "There is plenty of room at the bottom" ('hay mucho espacio en el fondo') en el Instituto de Tecnología de California (Caltech). En esta conferencia, planteó la hipótesis de que pudiésemos escribir los 24 volúmenes de la *Enciclopedia Británica* en la punta de un alfiler y describió una visión del uso de máquinas para construir otras más pequeñas, y así sucesivamente, hasta la escala molecular. Con el tiempo se ha corroborado que esta idea innovadora ha validado las premisas de Feynman y, por tal razón, se le considera el padre de la nanotecnología moderna. 15 años después, en 1974, el científico japonés Norio Taniguchi fue el primero en utilizar y definir el término *nanotecnología* como tal, y lo definió así: "La nanotecnología consiste principalmente en el proceso de separación, consolidación y deformación de materiales por un átomo o una molécula".

¿Cómo se hace en la práctica eso de la nanociencia y la nanotecnología?

Tras la revelación de Feynman, que abrió todo este nuevo campo de investigación y que despertó el interés de toda la comunidad científica, se desarrollaron dos enfoques que sientan las bases de las diferentes posibilidades existentes de cara a la síntesis de nanoestructuras. Estos enfoques o aproximaciones de fabricación se dividen en dos categorías: descendente (*top-down*) y ascendente (*bottom-up*), que difieren en calidad, velocidad y coste.

La aproximación *top-down* ('de arriba abajo') consiste esencialmente en desgranar la materia macroscópica para obtener partículas de tamaño nanométrico. Esto se logra mediante técnicas avanzadas como la ingeniería de precisión y la litografía, desarrolladas y optimizadas industrialmente durante las últimas décadas. La ingeniería de precisión subyace a la mayor parte de la industria de la microelectrónica a lo largo de todo el proceso de producción, y el alto rendimiento habitual de estos procesos se puede lograr mediante una combinación de factores. Estos incluyen el uso de nanoestructuras avanzadas basadas en diamante o nitruro de boro cúbico y sensores para el control del tamaño, combinados con control numérico y tecnologías avanzadas de accionamiento con servomotor (motor que permite controlar con precisión la posición, velocidad y aceleración de un objeto). La litografía implica la creación de patrones en una superficie mediante la exposición a la luz, iones o electrones, y, como consecuencia de ello, la deposición de material sobre dicha superficie de manera extremadamente controlada para producir patrones de grosor, forma y composiciones deseadas.

La aproximación *bottom-up* ('de abajo arriba') se refiere a la construcción de nanoestructuras desde cero, átomo a átomo o molécula a molécula, mediante métodos físicos y químicos, en la escala de 1 a 100 nm, gracias a la manipulación controlada de la capacidad de autoensamblaje que tienen determinados átomos y moléculas. Las estrategias clásicas de síntesis química constituyen un método para producir unidades estructurales que pueden llegar a utilizarse como componentes de otros nanomateriales ordenados más avanzados. Por otro lado, el autoensamblaje es en sí mismo un enfoque ascendente en el que los átomos o moléculas se pueden organizar entre ellos para dar nanoestructuras ordenadas mediante interacciones fisicoquímicas. El ensamblaje posicional es la única técnica en la que átomos, moléculas o grupos individuales de estos pueden posicionarse libremente uno a uno.

¿Cómo ha evolucionado esta disciplina hasta hoy?

En 1986, el ingeniero estadounidense Kim Eric Drexler publicó el primer libro sobre nanotecnología, *Engines of creation: the coming era of nanotechnology* ('Motores de la creación: la era venidera de la nanotecnología'), que impulsó la teoría de la ingeniería molecular. Drexler describió la construcción de máquinas complejas a partir de átomos individuales, que pueden manipular moléculas y átomos de forma independiente y, por lo tanto, producir nanoestructuras como resultado de un autoensamblaje. Más tarde, en 1991, el propio Drexler, junto a Chris Peterson y Gayle Pergamit, publicaron otro libro titulado *Unbounding the Future: the Nanotechnology Revolution* ('Desatando el futuro: la revolución de la nanotecnología') en el que utilizan los términos *nanobots* o *ensambladores* para procesos a nanoescala en aplicaciones médicas. En este libro también se utilizó por primera vez el hoy célebre término *nanomedicina*, que actualmente es una de las aplicaciones más estudiadas y recurrentes de la nanociencia y la nanotecnología.

Hubo un progreso muy marcado en el campo de la nanotecnología desde las primeras ideas de Feynman hasta

1981, cuando el físico alemán Gerd Binnig y el físico suizo Heinrich Rohrer inventaron un nuevo tipo de microscopio en el laboratorio de investigación de la empresa IBM en Zúrich (Suiza), conocido como el microscopio de efecto túnel (STM, *scanning tunneling microscope*). El STM utiliza una punta afilada que se acerca tanto a una superficie conductora que las funciones de onda de los electrones de los átomos en la punta se superponen con las funciones de onda de los átomos de la superficie. Dicho de otro modo: los estados cuánticos de la punta y del material a medir se solapan al acercarse tantísimo, sin llegar a tocarse realmente. Cuando se aplica un voltaje, los electrones se tunelizan (es decir, van de un lugar a otro sin pasar por todo el recorrido intermedio, como si se teletransportasen) a través del espacio vacío desde el último átomo de la punta hacia el primer átomo de la superficie (y viceversa).

En 1983, el grupo publicó la primera imagen STM de una superficie reconstruida de silicio, en la que pudieron llegar a ver, átomo a átomo y en perfecta colocación, la capa cristalina más externa de ese silicio. Unos años más tarde, en 1990, el físico norteamericano Don Eigler, trabajador de IBM en el centro de investigación de Almaden (San José, Estados Unidos), y su equipo utilizaron un STM para manipular 35 átomos de xenón individuales sobre una superficie de níquel y formaron las letras del logotipo de IBM, una imagen que ha dado la vuelta al mundo siendo todavía un estandarte del potencial técnico que se desarrolló en los años noventa para abordar la nanotecnología. El STM se inventó para obtener imágenes de superficies a escala atómica y se ha utilizado como herramienta para manipular átomos y moléculas, y crear estructuras. La corriente de tunelización puede utilizarse para romper o inducir selectivamente enlaces químicos, abriendo un enorme abanico de posibilidades que aún hoy se siguen explorando.

En 1986, Binnig y Rohrer recibieron el Premio Nobel de Física por el diseño del STM. Esta invención condujo al desarrollo de nuevas herramientas de visualización y manipulación nanotecnológicas como el microscopio de fuerzas atómicas y el microscopio de sonda de barrido, actualmente instrumentos predilectos de investigadores en nanotecnología, sobre todo para quienes la abordan desde el área de la física.

Figura 2

Imágenes adaptadas de las originales de 1990, en las que se muestran átomos de xenón sobre una superficie metálica de níquel formando las siglas de la empresa IBM. Cada 'punto' corresponde a un átomo de xenón. A la derecha se muestra la imagen original obtenida mediante STM, mientras que a la izquierda aparece una reconstrucción topográfica de dicha imagen original.

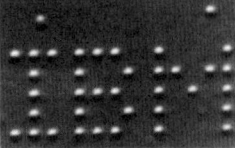

Fuente: Wikipedia.

El carbono como elemento químico revolucionario en nanociencia y nanotecnología

El carbono es una sustancia bien conocida desde la Antigüedad, siendo el único elemento constitutivo de minerales ampliamente utilizados desde siempre, como la hulla, la antracita o el grafito, los cuales han servido desde los comienzos de la humanidad como combustible, lubricante sólido o como herramienta de pintura o escritura. En la tabla periódica, el carbono es uno de los elementos más ligeros, perteneciente al segundo periodo (segunda fila horizontal) y con un número atómico (número de protones en el núcleo) de seis.

Los compuestos de carbono hoy en día forman parte de nuestra vida diaria en alimentos, ropa, cosméticos, combustibles, en el transporte, etc., y también constituyen la estructura de todos los tejidos de plantas y animales, incluida toda la materia orgánica de la que está hecha el ser humano. Por lo tanto, el carbono y sus materiales compuestos son extremadamente importantes debido a su absoluta relevancia en cada etapa del ciclo vital. Así pues, el carbono es un ingrediente esencial para la vida en la Tierra y se presenta en diversas formas alotrópicas o alótropos (es decir, diferentes "construcciones" hechas con idénticos átomos, pero con distinta colocación), cada una de las cuales tiene sus propiedades químicas y físicas particulares.

El carbono amorfo, el grafito y el diamante son los alótropos naturales del carbono más conocidos y empleados desde que al ser humano le alcanza la memoria, siendo el grafito y el diamante fases cristalinas propiamente dichas en configuraciones tridimensionales. Sin embargo, las estructuras cristalinas del grafito y el diamante son completamente diferentes y presentan propiedades físicas y químicas muy distintas. Ni que decir tiene que una punta de lápiz no se parece en nada a la joya de una corona y, sin embargo, químicamente son la misma sustancia, hecho que demuestra la enorme relevancia que tiene la colocación de los átomos idénticos en determinados patrones geométricos para derivar en unas propiedades u otras.

Durante las últimas décadas del siglo XX se sucedieron los descubrimientos de diversas estructuras de carbono con dimensiones dentro de la nanoescala, y estas han contribuido a engrosar la lista de formas alotrópicas conocidas que pueden existir hechas solamente de este elemento. Quizá uno de los más emblemáticos sea el fullereno. En 1985, los químicos estadounidenses Robert Curl y Richard Smalley, junto con el químico británico Harold Kroto, descubrieron que el carbono también puede existir en forma de esferas muy estables: los fullerenos.

Las esferas de carbono con fórmula química C_{60} o C_{70} se forman al evaporar el mineral de grafito en una atmósfera inerte. El descubrimiento del fullereno en sí mismo es uno de los ejemplos más fascinantes de serendipia (el arte de encontrar lo que no se busca, mientras se está buscando lo que al final no se encuentra) en la historia de la ciencia. Todo comenzó cuando Kroto, Curl y Smalley se reunieron en la Universidad Rice (Houston, EE UU) para investigar la formación de largas cadenas de carbono en condiciones similares a las de las atmósferas estelares. El profesor Kroto, muy interesado en la química interestelar, se unió al equipo de Curl y Smalley, quienes habían desarrollado una técnica experimental con láseres para vaporizar materiales y estudiar los agregados resultantes. Durante una serie de experimentos con grafito, el equipo observó la formación de una especie de carbono completamente nueva, compuesta por 60 átomos de carbono, con una estructura altamente simétrica y sorprendentemente estable. Esta "molécula", que más tarde se clasificaría como nanomaterial y se llamaría fullereno C_{60}, tenía una forma esférica similar a la de un balón de fútbol, compuesta por los mismos hexágonos y pentágonos. Fueron tales la belleza y precisión geométrica de aquella nanoestructura que, a sus descubridores, el fullereno inmediatamente les recordó a la cúpula geodésica del edificio La Biosfera en Montreal (Canadá), que fue la estructura principal del pabellón de Estados Unidos durante la Exposición Universal de 1967, celebrada entonces en aquella capital canadiense. Dicha cúpula fue diseñada por el arquitecto e inventor estadounidense Richard Buckminster Fuller, en cuyo honor recibió el nombre de fullereno (de Fuller), y también de ahí el apodo con que coloquialmente se nombró en aquel momento al fullereno dentro de la comunidad científica: *buckyball* (del inglés, *bucky*, diminutivo de Buckminster, y *ball*, de 'bola').

Lo notable del hallazgo del fullereno fue que no estaban buscando esa especie química en particular. Su aparición fue inesperada y su identificación requirió una combinación de intuición, curiosidad y análisis detallado. El equipo se dio cuenta de que la estructura del C_{60} no encajaba con ninguna de las formas alotrópicas conocidas del carbono, como eran el grafito o el diamante. La estabilidad y simetría de la estructura apuntaban a una nueva clase de material, que más tarde incluirían otras estructuras como el C_{70} y los fullerenos gigantes. Este descubrimiento abrió un campo completamente nuevo en la química de materiales y la nanotecnología, con aplicaciones potenciales en medicina, optoelectrónica y energía.

En 1996, Kroto, Curl y Smalley recibieron el Premio Nobel de Química por este hallazgo, que sigue siendo un ejemplo emblemático de cómo la ciencia puede avanzar gracias a la curiosidad, la colaboración inter y multidisciplinar y, por supuesto, la serendipia.

A día de hoy, los usos más recurrentes del fullereno se centran en la medicina (como antioxidante, agente antiviral y vehículo para la administración de fármacos y genes) y en la electrónica avanzada (nanoelectrónica, superconductores y dispositivos optoelectrónicos). Además, se está explorando su aplicación en materiales activos para dispositivos fotovoltaicos, baterías, supercondensadores y como agentes de contraste en ingeniería biomédica. Gracias a la existencia del fullereno, además, se ha desarrollado una nueva química del carbono, que permite encerrar (a modo de jaula) átomos metálicos y crear nuevos compuestos organometálicos, capaces de estabilizar geometrías y estados de oxidación únicos que no podrían existir en condiciones ambientales convencionales.

Posteriormente al descubrimiento del fullereno, unos años más tarde, en 1991, el físico japonés Sumio Iijima observó por primera vez estructuras tubulares de carbono mientras estudiaba fullerenos con microscopía electrónica de transmisión, y aunque en aquel momento se las bautizó como microtúbulos helicoidales de carbono grafítico, muy pronto se puso de manifiesto que estas estructuras eran en realidad nanoestructuras (por tener diámetros entre 1 y 100 nm, aunque pudiesen llegar a medir micras de longitud), y de ahí que se las conozca como nanotubos de carbono, aunque en algún momento del camino se las haya nombrado fugazmente *buckytubes* por analogía con los fullerenos.

El descubrimiento de los nanotubos de carbono marcó otro hito importante en la ciencia de materiales y la nanotecnología. Las propiedades físicas y químicas de estos nanotubos no tenían parangón. Su altísima resistencia y flexibilidad los hacen potencialmente útiles en numerosas aplicaciones nanotecnológicas, permitiéndonos soñar incluso con la posibilidad de construir cables aptos para un ascensor espacial, algo que entonces era (y hoy en día un poco también) una entelequia. Inicialmente, los nanotubos se clasificaron en dos tipos, dependiendo del número de capas grafíticas concéntricas que los formasen: de pared múltiple (los primeros en ser descubiertos en 1991, también por serendipia) y de pared única (sintetizados a través de catalizadores metálicos específicos tras una extensa investigación que culminó con su consecución en 1993). Su síntesis se logra mediante métodos como la descarga por arco eléctrico, la ablación láser y la deposición química en fase de vapor, siendo este último el más utilizado a nivel industrial por su mayor escalabilidad.

Figura 3
Estructuras aproximadas de las distintas formas alotrópicas del carbono. En la parte superior se representan las unidades estructurales de diamante y grafito, mientras que en la zona inferior se muestran ejemplos de los tres principales alótropos con dimensiones en la nanoescala. Cada punto correspondería a un átomo de carbono, mientras que las líneas que los unen serían los enlaces químicos.

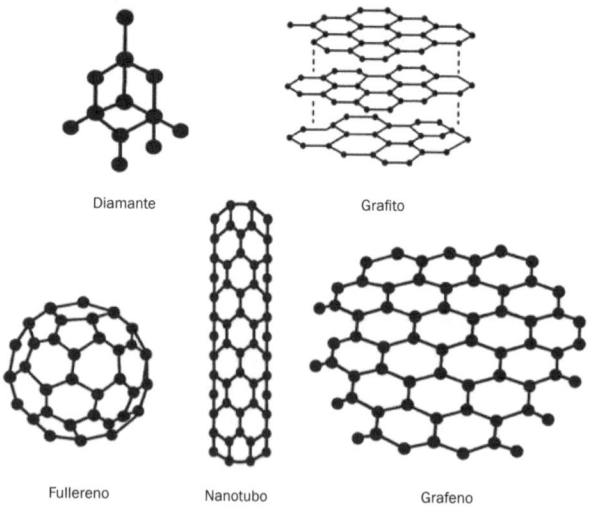

Diamante

Grafito

Fullereno

Nanotubo

Grafeno

Fuente: Imagen realizada digitalmente y retocada con IA.

Durante la década de los noventa y principios de los 2000, las investigaciones con nanotubos de carbono crecieron exponencialmente y todo el esfuerzo se centró mayormente en comprender sus propiedades fundamentales. Se descubrió que podían comportarse como conductores metálicos o como semiconductores, dependiendo de la geometría de su enrollamiento, lo que los hacía ideales para aplicaciones en nanoelectrónica. También se exploró su uso en materiales compuestos, sensores, almacenamiento de energía y medicina. A partir de 2010, los avances en técnicas de producción permitieron obtener nanotubos de carbono en mayores cantidades, más puros y con propiedades mucho más controladas. Esto impulsó su integración en dispositivos reales, tales como transistores, baterías de alto rendimiento y materiales ultrarresistentes (por ejemplo, accesorios deportivos o chasis de vehículos). Además, se desarrollaron numerosos métodos para modificarlos químicamente, ampliando su compatibilidad con otros materiales, matrices y sistemas biológicos.

En la actualidad, los nanotubos de carbono se utilizan en diversas industrias: desde la aeroespacial hasta la biomédica. También se utilizan extensamente como fibras compuestas en polímeros y en hormigón para mejorar sus propiedades mecánicas, térmicas y eléctricas, en el contexto de formulaciones comerciales. También tienen aplicaciones potenciales como emisores de campo, materiales de almacenamiento de energía, catálisis y componentes electrónicos. Aunque aún existen desafíos, tales como la reducción del coste de producción y la mitigación de posibles riesgos para la salud en su uso cotidiano, el potencial de estos nanotubos sigue siendo enorme. La comunidad científica continúa enfocada en mejorar su síntesis, reducir su impacto ambiental y explorar nuevas aplicaciones, como podrían ser la computación cuántica y las tecnologías de electrónica flexible.

Si bien el descubrimiento del nanotubo de carbono no le ha granjeado aún ningún Premio Nobel a su principal descubridor, Sumio Iijima, este ha recibido numerosos galardones por su hazaña científica como la Medalla Benjamin Franklin de Física (2002), el premio de la Fundación Balzan (2007), el Premio Kavli en Nanociencia (2008) o nuestro celebérrimo Premio Príncipe de Asturias en Investigación Científica y Técnica (2008).

En cierto momento durante aquellos primeros años del siglo XXI, donde gran parte de la comunidad científica estaba volcada en producir, procesar y estudiar a los nanotubos de carbono, sucedió el tercer hito más destacable de la nanotecnología del carbono en particular (después de los descubrimientos del fullereno y los nanotubos) y también de la ciencia en general, probablemente con el mayor impacto conocido hasta nuestros días. Me refiero al aislamiento de la monocapa de grafito, también conocido como grafeno. Y digo aislamiento y no descubrimiento porque el grafeno siempre ha estado ahí, en la naturaleza, formando parte de la estructura del grafito.

Desde la mitad del siglo XX se teorizaba con las propiedades que debía de tener una lámina de grafito que solo tuviese un átomo de espesor, pero se concebía como algo muy inestable que solo el tiempo y el avance de la química y la física podrían llegar a conseguir. Pues bien, allá por 2004, un cúmulo de casualidades dio como resultado lo que parecía imposible varias décadas antes, y el contexto en el que aquello sucedió podría definirse como "viernes loco". El físico británico de origen ruso Andre Geim y su discípulo, el también físico ruso-británico Konstantin Novoselov, trabajaban en la Universidad de Mánchester y tenían una costumbre peculiar: los viernes por la tarde los dedicaban a lo que llamaban "experimentos de viernes noche", una especie de recreo científico donde probaban ideas locas sin la presión de obtener resultados específicos, por pura diversión y amor a la ciencia. Esta práctica ya les había valido un premio Ig Nobel (también conocidos como anti-Nobel) en el 2000 por hacer levitar una rana con imanes, lo cual demuestra el espíritu lúdico y creativo de esta iniciativa y de quienes la llevaban a cabo. Cabe señalar que los Ig Nobel, aunque no tienen todo el prestigio del que gozan los mismísimos Nobel, son reconocimientos muy reputados en ciencia, ya que premian con galardones investigaciones científicas que, en palabras de sus organizadores, "primero hacen reír y luego hacen pensar, destacando lo insólito, curioso o inesperado en la ciencia".

En 2004, en una de esas sesiones de viernes, Geim y Novoselov decidieron intentar aislar una sola capa de carbono del grafito, el mismo material que se encuentra en las minas de los lápices. Para ello, usaron una herramienta sorprendentemente simple: cinta adhesiva tipo papel celo. Esta técnica ya se usaba en el laboratorio para limpiar la superficie de cristales de grafito, pero fue Novoselov quien tuvo la idea de observar el celo en lugar de tirarlo, como se hacía habitualmente. Al pegar y despegar repetidamente un pedazo de celo sobre el grafito, lograron exfoliarlo hasta obtener capas cada vez más delgadas. Finalmente, las depositaron sobre un sustrato de silicio y lo llevaron al microscopio electrónico, lo que les permitió identificar visualmente una capa de un solo átomo de grosor: el grafeno.

Una vez obtenido el material, un par de meses después escribieron un artículo científico presentando sus hallazgos. Sin embargo, la revista *Nature* (de las más prestigiosas del mundo en publicar investigaciones científicas) lo rechazó inicialmente, lo que hoy resulta irónico considerando el impacto revolucionario del descubrimiento. Finalmente, el artículo fue publicado en otra revista científica de alto impacto (*Science*) en 2004 y se convirtió en una de las publicaciones más referenciadas de la década (más de 62 000 citas en el momento de escribir estas líneas). Lo que comenzó como un experimento casi de broma se convirtió en el hito científico de la década y de lo que llevamos de siglo.

En 2010, Geim y Novoselov recibieron el Premio Nobel de Física por "haber demostrado que el carbono puede existir en forma de una sola capa atómica" y por abrir un nuevo campo en la física de materiales bidimensionales. Todo un récord de concesión del Nobel a una investigación que se había iniciado tan solo seis años antes y que, para colmo, había nacido como un reto de los viernes locos. Como dato curioso,

Andre Geim es el único científico de la historia que ha sido galardonado tanto con el Premio Nobel como con el Ig Nobel, demostrando que el rigor científico y la excelencia no tienen por qué estar reñidas con un toque de excentricidad.

En definitiva, el descubrimiento del grafeno es un ejemplo brillante de cómo la curiosidad, la creatividad y la libertad para explorar pueden conducir a avances científicos extraordinarios. También es una lección sobre cómo la ciencia no siempre necesita equipos sofisticados para devenir en excelencia: a veces, basta con una mente abierta... y un rollo de celo.

Desde ese viernes noche de 2004, la investigación sobre el grafeno ha crecido exponencialmente a nivel mundial. En 2007, se demostró su alta movilidad electrónica, lo que lo posicionó como candidato para reemplazar al silicio en dispositivos electrónicos. En 2011 se desarrollaron métodos para su producción a gran escala, como la ya mencionada deposición química en fase vapor, aunque aún con obstáculos por resolver en cuestiones como la calidad y el precio del material obtenido. Las propiedades del grafeno son extraordinarias: es 200 veces más resistente que el acero, ligero, flexible, transparente, impermeable y posee excelente conductividad eléctrica y térmica (mayores a las de metales consagrados como el cobre).

Estas características lo hacen ideal para múltiples aplicaciones. En electrónica, se ha explorado su uso en transistores, pantallas táctiles flexibles, sensores y circuitos resistentes a la humedad. En energía, se han desarrollado baterías y supercondensadores de grafeno, que ofrecen mayor densidad energética, carga rápida y una vida útil mucho más larga. Estas tecnologías están siendo adoptadas por sectores como la automoción y la electrónica de consumo. En medicina, el grafeno y sus derivados se investigan para diagnóstico clínico, administración de fármacos, biosensores y prótesis médicas. Sus propiedades antibacterianas y compatibilidad con medios orgánicos lo hacen prometedor para ingeniería de tejidos y dispositivos implantables, aunque aún quedan retos importantes, como solucionar efectos adversos y posibles efectos tóxicos a largo plazo. En construcción se utiliza en hormigones reforzados, pinturas térmicas y materiales resistentes a la corrosión y al fuego. También se ha aplicado en energías renovables, mejorando la eficiencia de paneles solares y sistemas de almacenamiento energético.

Los derivados químicos del grafeno, tales como el óxido de grafeno y el grafeno dopado, amplían aún más su potencial rango de aplicaciones. Por ejemplo, se han desarrollado electrodos transparentes para sustituir el tradicional óxido de indio y estaño, de elevado coste, en pantallas táctiles y celdas solares. Además, se investiga su comportamiento superconductor en estructuras multicapa, abriendo nuevas posibilidades en computación cuántica y electrónica avanzada. A pesar de todos estos progresos, aún persisten desafíos como la producción a gran escala y de manera económica, la estandarización de su calidad y la integración en nichos industriales tradicionalmente dominados por metales y semiconductores. Ciertamente, producir grafeno de manera viable es el gran cuello de botella, mucho más aún que para el caso de los fullerenos y los nanotubos de carbono. Sin embargo, el grafeno sigue siendo uno de los materiales más prometedores del siglo XXI, con un impacto potencialmente disruptor en prácticamente todos los sectores tecnológicos.

Llegados a este punto, cabe concluir este capítulo diciendo que lo pequeño (lo nano) está de moda. La nanotecnología no es simplemente una cuestión de conseguir y trabajar con cosas pequeñas, es una revolución que nos hace cambiar el marco conceptual de la forma en que entendemos y manipulamos la materia. Desde los primeros indicios de la nanociencia hasta su consolidación como disciplina transversal hemos recorrido un camino fascinante en escasamente seis o siete décadas, que es capaz de unir la física, la química, la biología y la ingeniería en una escala donde las reglas del juego cambian y las posibilidades más inesperadas surgen. La frase de Richard Feynman ("hay mucho espacio en el fondo") no solo anticipó el potencial de trabajar a escala nanométrica, sino que también nos invitó a imaginar un universo de innovación aún por descubrir. En la práctica, la nanotecnología ha evolucionado desde técnicas rudimentarias hasta sofisticadas herramientas de fabricación y caracterización que permiten diseñar materiales con propiedades a medida. El carbono, con sus formas extraordinarias como los fullerenos, los nanotubos y el grafeno, ha demostrado ser un protagonista clave en esta historia, abriendo nuevas fronteras en electrónica, energía, medicina y tantos otros campos de interés crítico para el ser humano.

En definitiva, este breve repaso nos muestra que el tamaño sí importa, y que explorar el "fondo" de la materia es mucho más que una curiosidad científica, es una puerta abierta al futuro. La nanociencia está aún en expansión, y lo que hoy parece ciencia ficción mañana podría ser parte de nuestra vida cotidiana. Pero ¿y si os dijese, después de todo esto, que ya existía nanotecnología en el mundo, mucho antes del hito de Feynman, sin que nadie se diese cuenta? Atención al próximo capítulo.

CAPÍTULO 2

El concepto de biofabricación en nanotecnología: la naturaleza ya lo hizo primero

La nanotecnología y los nanomateriales pueden parecer un invento contemporáneo, algo hecho por la mano humana desde hace relativamente poco. No obstante, explorar la historia nos puede revelar que el ser humano podría haber estado haciendo nanotecnología sin saberlo, ya desde épocas mucho anteriores. Por ejemplo, en la antigua Roma existía un utensilio de alta sofisticación, fabricado por los mejores decoradores de vidrio, llamado copa de Licurgo, diseñada en honor al dios romano del mismo nombre, que data del siglo IV, y que hoy se encuentra expuesta en el Museo Británico de Ciencias Naturales. Esta copa es un ejemplo de *diatreta,* término de la época para designar copas de vidrio tallado y adornadas con relieves de metal que tenían la particularidad de mostrar color cuando pasaba la luz a través de ellas y, más sorprendentemente, el color exhibido era diferente en función de la orientación desde la cual le incidía la luz. La copa se mostraba rojiza si se iluminaba desde atrás y se tornaba verde si se iluminaba frontalmente. Para el pueblo romano, aquello podría parecer una obra divina, pero ya desde entonces, y sin saberlo, estaban haciendo nanotecnología.

Este fenómeno óptico, que hoy en día conocemos como efecto dicroico o dicroísmo, no es más que aquella propiedad de un objeto o de un material para presentar dos colores diferentes en función de la dirección en la que se les mire; es decir, en función de si la luz es reflejada o transmitida. Y es un fenómeno físico fuertemente ligado a la escala nanométrica.

FIGURA 4
Dibujo de la forma y el relieve exterior
de la copa de Licurgo.

FUENTE: IMAGEN REALIZADA POR SUSAN BIRD PARA LOS TRABAJOS
DE HARDEN *ET AL.*, 1968 Y 1987.

La receta de fabricación de la copa de Licurgo *a priori* era incompatible con semejante efecto, hasta el punto de que la arqueología moderna se cuestionó si realmente estaba hecha de vidrio, ya que este efecto de colores tan peculiar parecía imposible de alcanzar con el vidrio de la época (pensando que podría quizá estar hecha de minerales como el ópalo o el jade). No fue hasta casi los años sesenta cuando el departamento de mineralogía del Museo Británico de Ciencias Naturales concluyó que, sin duda, la copa de Licurgo estaba hecha de vidrio, y la clave de sus propiedades ópticas debía de estar en las impurezas de ese vidrio. En efecto, análisis químicos y físicos más profundos de la copa en años siguientes revelaron aspectos muy interesantes: el vidrio de la copa contenía trazas de elementos bastante curiosos, como el antimonio, la plata y el oro. Y ahí viene el giro de guion, porque mientras que el antimonio sí constaba en la receta (era un conocido componente de la época para decolorar y hacer más opaco el vidrio), la presencia de oro y de plata era en principio inesperada. Más interesante aún es que esos dos metales preciosos estaban en forma de nanopartículas (de entre 50 y 100 nm de tamaño, en promedio) y que, de manera homogénea, la proporción entre ambos se mantuvo siempre en 7 partes de oro por cada 3 partes de plata. Las piezas del puzle encajaron al instante al descubrirse este último dato en particular.

Hoy por hoy se piensa que el antimonio empleado en la fabricación del vidrio de la copa de Licurgo (que usaban en una proporción de en torno al 0,3%) y las trazas de oro y plata que pudieran llegar a ese vidrio, intencionadamente o no, durante el proceso de fabricación reaccionaron químicamente para dar estas nanopartículas de aleación de oro y plata (7:3), todo ello favorecido por la alta temperatura de fusión del vidrio y la atmósfera en la que se trabajaba. Sin saberlo, la orfebrería romana del siglo IV estaba generando nanomateriales ópticos dentro de un vidrio, que al ser iluminado por delante se mostraba verde (por acción de la plata) y si se iluminaba por detrás, rojo (por efecto del oro).

Si seguimos avanzando en el tiempo, podríamos encontrar aún más ejemplos de nanotecnología "fortuita" que el ser humano ha creado sin saberlo, y por ello es momento de hacer una breve parada en el siglo XI. Durante la época medieval, en el contexto de las guerras cruzadas, los soldados cristianos se fueron abriendo paso por Oriente Medio con el objetivo de arrebatar Jerusalén al pueblo musulmán, pero los cristianos no vieron venir que allí les estaban esperando con un acero en mano muy especial: el acero de Damasco. Estas conocidas espadas damascenas (gentilicio de los habitantes persas de la ciudad siria de Damasco) eran extraordinariamente fuertes, pero lo suficientemente flexibles como para doblarse desde la empuñadura hasta la punta. Y se decía que podían llegar a estar tan afiladas que podían cortar un pañuelo de seda que flotase en el aire con la misma facilidad que el cuerpo de un caballero enemigo. Incluso hay registros que afirman que se podía cortar una roca con estas espadas sin desafilarlas.

El pueblo musulmán adquiría este extraordinario acero en la vecina Siria, cuyos herreros llevaban ya un par de siglos fabricándolo, lo que les otorgó sin duda una gran ventaja táctica. Los herreros damascenos guardaron con gran recelo el secreto de fabricación de su acero, hasta el punto de que la receta acabó desapareciendo en el siglo XVIII y ningún herrero europeo ha sido capaz de reproducir el método original desde entonces. ¿Qué hizo, por tanto, que este acero tuviese las propiedades que tenía? Para responder a esta cuestión y poder mostrar el vínculo de todo ello con la nanotecnología, hay que remontarse a lo que ha trascendido hasta nuestros días del proceso de fabricación.

Las espadas de Damasco se fabricaban a partir del forjado en caliente de pequeñas piezas de acero de la India y Sri Lanka llamadas *wootz*, con un alto contenido en carbono. Recordemos que el acero no es más que una aleación (una mezcla homogénea) de hierro y carbono en determinadas proporciones, por lo que dicho acero se genera al permitir que el hierro se enfríe junto con carbono después de fundir. El problema con la fabricación del acero es que, contenidos óptimos de carbono, del orden del 1 al 2%, ciertamente hacen que el material sea más resistente, pero también lo vuelve quebradizo. Esto es contraproducente para su uso como espada, ya que la hoja se rompería al impactar con un escudo u otra espada. El *wootz*, con su contenido de carbono especialmente alto (de hasta un 1,5%), debería haber sido inútil para la fabricación de espadas. No obstante, las hojas resultantes mostraron una combinación de dureza y maleabilidad impensablemente perfecta.

El proceso de fabricación se fue refinando con el tiempo hasta llegar a la receta perfecta que adquirieron los musulmanes en torno al año 1000. De los registros históricos se dedujo que, durante el proceso de fabricación de este codiciado acero persa, se generaban carburos (compuestos mixtos entre carbono y otro elemento, donde este último actúa cediendo electrones al carbono), presumiblemente de hierro, como es el caso del mineral llamado cementita, que llegaba a segregarse dentro de la estructura del acero en forma de partículas o de capas. Los carburos metálicos tienden a ser muy rígidos, y esta asunción solo explicaba en parte las excelentes propiedades de ese acero, pues teóricamente debería ser también extremadamente frágil.

No fue hasta 2006 que una científica alemana dio con la clave del asunto. La doctora Marianne Reibold y sus colegas de la Universidad de Dresden (Alemania) adquirieron una pieza de acero de Damasco, una daga concretamente, creada por el célebre herrero Assad Ullah en el siglo XVII. La valentía de este equipo de investigadores (que osaron disolver un fragmento de la daga en ácido y analizar los restos mediante microscopía electrónica de alta resolución) condujo hacia una verdad asombrosa: ¡las estructuras que encontraron a nivel microscópico embebidas en el acero eran perfectamente compatibles con nanotubos de carbono! La presencia de estos nanomateriales de carbono explicaba perfectamente ese exquisito balance entre dureza y flexibilidad. Pero lo curioso de todo es que, a pesar de haberse creído inventados a principios de los noventa, los nanotubos de carbono podrían ya haber estado ganando batallas en la Edad Media, en el fragor de las cruzadas, sin que el ser humano lo supiese.

Aunque los herreros de la época no sabían que lo estaban haciendo, los nanotubos de carbono se fabrican mediante procesos catalizados por metales a alta temperatura en presencia de una fuente de carbono y, claro, las impurezas del *wootz* ahí obraron su magia. Se teoriza que la presencia de ciertas trazas de vanadio, cromo, manganeso, cobalto y níquel en el *wootz*, junto con la alternancia de etapas calientes y frías durante la fabricación, hizo que estas impurezas actuasen como catalizadores para la formación de los nanotubos a partir del carbono que contenía inicialmente, y que a su vez estos se habrían entrelazado con la cementita formada, viéndose así compensada la naturaleza frágil de la cementita por la flexibilidad de los nanotubos de carbono. Estas estructuras se habrían formado a lo largo de los planos establecidos por las impurezas, lo que explica las características bandas onduladas que exhibe este acero persa en su pátina exterior, también conocidas como patrones de Damasco.

FIGURA 5
Izquierda: imagen real de una daga damascena donde se observan los patrones de Damasco de su acero. Derecha: imagen microscópica donde aparecen los nanotubos de carbono dentro de la estructura del acero damasceno de Assad Ullah parcialmente disuelto. Barra de escala = 1 micrómetro.

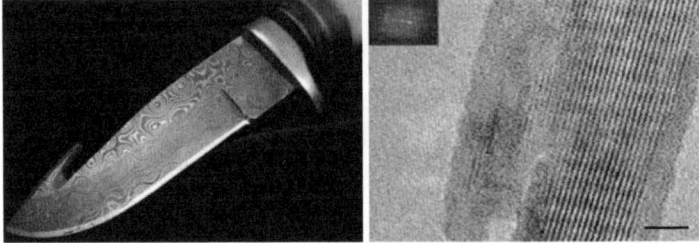

FUENTE: IZQUIERDA, ADAPTADA DE RICH BOWEN (LEXINGTON, EE UU), WIKIMEDIA COMMONS; DERECHA, BARHOUM *ET AL.*, 2022.

Queda claro entonces que, a pesar del *boom* mundial de la nanociencia y la nanotecnología, que estalló en los años noventa y que aún perdura, algunos de los materiales que integran esta área del conocimiento ya habían sido creados con siglos o milenios de antelación. Pero ¿y si tampoco fue la mano humana la primera creadora de nanotecnología en el mundo? *Spoiler:* la naturaleza ya lo hizo antes. No son pocos los casos en los que el ser humano se congratula de haber inventado un nanomaterial alucinante, con propiedades físicas y químicas revolucionarias, y después se descubre que ya existía en algún lugar de la naturaleza.

Uno de los casos más sonados fue el del fullereno, ya comentado en el capítulo anterior, consistente en una nanoestructura de 60 o 70 átomos de carbono en forma de pelota de fútbol. Los tres científicos que crearon el fullereno (Harold Kroto, Robert Curl y Richard Smalley) lo hicieron casi por accidente a finales de los años ochenta, descubriendo algo más importante si cabe que lo que andaban buscando. El fullereno supuso un revulsivo para la ciencia de los materiales basados en carbono y cambió todos los paradigmas de trabajo, ya que, por primera vez, un material sintético era capaz de desbancar todo lo conocido hasta la fecha. Poco duró la "paternidad" de los tres creadores del fullereno porque, en 1997, solamente un año después de haber recibido el galardón, dos investigadores astrofísicos (trabajando entre Francia y Holanda) descubrieron la presencia de fullerenos C_{60} en el espacio, concretamente en el polvo interestelar. La cantidad detectada fue baja, pero suficiente para atribuirlos inequívocamente a un yacimiento natural, y aunque no está claro cómo se han formado en el espacio, queda justificado que no fue la mano humana la que los trajo al mundo por primera vez.

En esa misma línea, más recientemente (junio de 2024), un nutrido equipo de investigadores en China ha constatado dentro de la comunidad científica que se ha conseguido observar la presencia de derivados de grafeno en muestras obtenidas del suelo superficial de la Luna. De nuevo, la historia se repite: el grafeno, ese nanomaterial de carbono prodigioso que fue estudiado a fondo desde su aislamiento en 2004 y que en tiempo récord (solo seis años más tarde), a sus descubridores les valió el mismísimo Premio Nobel de Física, parecía que surgía de la mano humana y de nuevo se encuentra en otro yacimiento natural.

Llevábamos dos décadas de revolución científica y tecnológica, gracias al grafeno, creyendo que la naturaleza no había sido capaz de decapar al grafito para proporcionarnos este excelente nanomaterial, y ya estaba presente en nuestro satélite más cercano, observando nuestra ignorancia desde allí arriba. Si bien de momento este grafeno lunar detectado no es perfectamente monocapa, el descubrimiento nos enseña que no hay que subestimar a la naturaleza (o al universo) en lo que a nanotecnología se refiere. Como dato curioso, decir que se estima que en torno al 1,9% de todo el carbono interestelar se encuentra en forma de grafeno, e incluso se ha llegado a identificar el grafeno en meteoritos llamados condritas carbonáceas, considerados como uno de los materiales más primitivos del sistema solar (formados incluso antes que el propio Sol), por lo que nos podemos sorprender de lo antigua que puede llegar a ser la nanotecnología comparada con la capacidad de la mano humana.

Sí, la naturaleza lo hizo primero, y es posible que con el paso del tiempo y el aumento de nuestro conocimiento científico sigamos descubriendo otros nanomateriales en la naturaleza que se presuponían enteramente sintéticos, pues aquí en la Tierra existen numerosos ejemplos de seres vivos (mayormente microscópicos o unicelulares) que ya nos llevaban siglos de ventaja en su capacidad de crear diferentes nanoestructuras con propiedades únicas que utilizan para poder integrarse mejor en su entorno.

Veamos el fascinante caso de las bacterias magnetotácticas. Este término engloba toda una familia de bacterias que son capaces de alinearse con el campo geomagnético de la Tierra, ya sea de norte a sur o viceversa, y desplazarse así de manera guiada en busca de sus microambientes de interés. Estas bacterias fueron descubiertas de manera independiente por dos científicos durante la segunda mitad del siglo XX: Salvatore Bellini en 1963 y Richard Blakemore en 1974. ¿Qué las hace tan especiales y qué tiene que ver esto con la nanotecnología? Cierto es que la capacidad de desplazarse "sintiendo" el campo geomagnético de la Tierra (cualidad conocida como magnetorrecepción) ya se había observado ampliamente en animales migratorios como ciertos pájaros y peces, además de que en tiempos más recientes también se ha atribuido la capacidad de sentir campos magnéticos a roedores y a animales invertebrados como algunas hormigas, langostas, caracoles y polillas, pero las bacterias magnetotácticas sorprendieron por ir un paso más allá, pues no solo "sentían" esos campos magnéticos, sino que también los podían "navegar", hecho que se describe con un término propio: la magnetotaxia.

FIGURA 6
Imagen microscópica de una
bacteria magnetotáctica en la cual
se observan los magnetosomas
alineados en su interior. Barra
de escala = 1 micrómetro.

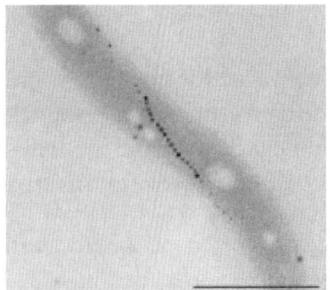

FUENTE: REPRODUCIDO CON PERMISO DEL TRABAJO
DE FAIVRE Y SCHÜLER, AMERICAN CHEMICAL SOCIETY, 2008.

De entre los dos descubridores de las bacterias magnetotácticas, fue Blakemore quien desentrañó el misterio de estos
superpoderes bacterianos y, para su sorpresa, resultó que en
el interior de las bacterias yacían unas nanopartículas perfectamente alineadas en fila que fueron bautizadas con el nombre
de magnetosomas. Ahí estaba la explicación, en una nanotecnología creada por un ser microscópico que le servía a modo
de motor para poder moverse a lo largo de los raíles invisibles
que les marcaba el magnetismo de la Tierra. Investigaciones
posteriores revelaron todos los procesos bioquímicos y metabólicos que suceden en el interior de estas bacterias para generar finalmente una hilera de magnetosomas, hasta el punto de
que este caso inspiró a la comunidad científica a usar bacterias de muchos tipos como "fábricas" de nanopartículas metálicas simplemente poniendo los metales adecuados en su
entorno de cultivo.

¿Desde cuándo han existido microorganismos cuya maquinaria biológica es capaz de fabricar nanopartículas? En el
caso de las bacterias magnetotácticas, los estudios realizados
en magnetosomas encontrados en fósiles datan estos procesos bionanotecnológicos en algún momento entre el Cretácico

y el Paleoproterozoico (es decir, desde hace entre 140 y 540 millones de años). Ahí es nada, nanotecnología hecha por la naturaleza con un sello de antigüedad que el ser humano no puede ni acercarse a igualar. De modo que, cuando un proceso de biofabricación atañe estructuras y materiales de tamaño nanométrico, se nos abre la puerta a un concepto más específico aún: el de bionanofabricación.

Otro ejemplo muy significativo de microorganismos que biológicamente han sido capaces de convertirse en fabricantes de nanomateriales reside en otra familia de bacterias pertenecientes a los géneros *Komagataeibacter* y *Acetobacter* (entre otros varios) y que conectan este capítulo con el *leitmotiv* del libro, ya que sendas familias de bacterias son productoras de fibras de celulosa con una estructura de tamaño nanométrico, también conocida como nanocelulosa. La nanocelulosa bacteriana, o simplemente celulosa bacteriana, es el primer ejemplo de este nanomaterial que se ha encontrado en la naturaleza como consecuencia de la acción de un ser vivo no vegetal, y este hecho fue observado por primera vez por el profesor A. J. Brown en Birmingham (Reino Unido) en 1886. Fue la primera celulosa descubierta que no proviniese de ninguna planta y abrió todo un camino científico e industrial a la producción de celulosa sin tenerla que extraer de fuentes vegetales.

FIGURA 7
Imagen microscópica de dos bacterias del género *Komagataeibacter* produciendo una maraña de nanofibras de celulosa. Barra de escala = 4 micrómetros.

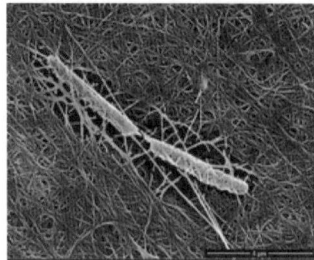

FUENTE: IMAGEN EXTRAÍDA DEL TRABAJO DE THORAT Y DASTAGER, 2018.

La celulosa bacteriana se considera la forma más pura de celulosa que existe en la naturaleza, exenta de otros derivados vegetales como son las hemicelulosas y las ligninas, que, aunque en el reino vegetal cumplen funciones importantes, tienen peores propiedades que la celulosa. Además, esta forma microbiana de nanocelulosa se fabrica solamente en la superficie del medio líquido en el que esté alojada la bacteria, donde existe pleno acceso al oxígeno del aire, ya que los procesos metabólicos que conllevan esta síntesis son completamente aeróbicos (es decir, necesitan aporte estricto de aire). Sin embargo, no fue hasta bien entrado el siglo XX, y a raíz de la intensa investigación que se vino realizando durante décadas, que la comunidad científica se percató de que esta variante de la celulosa era en realidad un nanomaterial.

A día de hoy se conocen perfectamente todos los mecanismos biológicos de los cuales se sirven estas bacterias para generar esta variante de nanocelulosa, procesos que requieren (además del mencionado aporte abundante de aire) diferentes fuentes de nitrógeno y de carbono, siendo para este último la glucosa y otros azúcares similares la fuente más recurrente. Mediante una compleja maquinaria de proteínas, enzimas y catalizadores biológicos, las bacterias consiguen polimerizar la glucosa en su interior y la extruyen por unos poros muy pequeños que tienen en su superficie, resultando en unas nanofibras de celulosa que se entrelazan atrapando agua en su interior. De ahí que la celulosa bacteriana nazca en forma de película gelatinosa, con muy buenas propiedades físicas y químicas, consecuencia de los tamaños nanométricos de las fibras de celulosa que conforman este material.

¿Habéis observado alguna vez alguna fruta a la cual le haya aparecido una descomposición localizada con una telilla blanquecina encima? Si esa película es gelatinosa y semitransparente, entonces es justamente una capa de nanocelulosa bacteriana, probablemente generada al "aterrizar" alguna bacteria *Komagataeibacter* o *Acetobacter* (o de algún otro género que sepa fabricar nanocelulosa) encima de la pieza de fruta, y mientras se va alimentando de los azúcares y nutrientes de la misma, polimeriza la glucosa del entorno generando ese *pellet* de celulosa en la superficie. Efectos similares pueden observarse en la superficie de zumos de frutas, vinagres u otros alimentos líquidos si se quedan demasiado expuestos a la intemperie a lo largo de varios días.

No solo es una nanotecnología hecha por microorganismos en condiciones ambientales suaves, sino que también está íntimamente ligada a sustancias que son plenamente comestibles. Algo así como "nanotecnología viva y comestible". De hecho, históricamente, las aplicaciones de la nanocelulosa bacteriana se han limitado hasta hace bien poco al campo del procesado de alimentos. Ciertos postres con consistencia de gelatina, muy famosos en Asia, tales como la nata de coco, y también la fermentación bacteriana en simbiosis con ciertos hongos para dar la bebida de té *kombucha,* son probablemente los ejemplos más representativos. En tiempos más recientes, y al observar las excelentes propiedades de la nanocelulosa bacteriana (como su biocompatibilidad, alta retención de agua, alta resistencia mecánica y térmica, versatilidad química, etc.), se han disparado sus potenciales aplicaciones, extendiéndose a campos tan importantes como la medicina, en la cual la nanocelulosa bacteriana está aportando grandes avances en el ámbito de la regeneración de tejidos, injertos de hueso o de tejido vascular, parches y apósitos para tratar la piel quemada o úlceras, y algunos más (que veremos en más detalle en el capítulo 6).

Para concluir, el objetivo del presente capítulo ha sido poner de manifiesto que la nanotecnología no es un invento que el ser humano haya fabricado en exclusiva, o en primicia, ni siquiera recientemente. Determinadas actividades humanas, sin saberlo, llevaban siglos fabricando nanomateriales que han tenido gran repercusión histórica, pero más allá de eso, y también sin saberlo, la naturaleza nos llevaba siglos de ventaja. Por un lado, nanomateriales que se creían inventados por el ser humano (y galardonados con el Nobel), con el tiempo se han acabado encontrando en otros lugares naturales, aunque lo más fascinante es saber que existen seres vivos que tienen la capacidad de ser "fábricas" de ciertos nanomateriales, descubriéndonos un mundo entero basado en la bionanofabricación.

El descubrimiento reciente de microorganismos cuya maquinaria biológica es capaz de fabricar nanopartículas magnéticas o nanofibras de celulosa con propiedades extraordinarias, y en condiciones ambientales (sin necesidad de equipamientos ni laboratorios sofisticados), nos enseña que aún tenemos mucho recorrido por delante para poder ponernos al mismo nivel que la naturaleza e igualar siquiera sus excelentes capacidades.

CAPÍTULO 3

Breve historia de la celulosa y de su uso industrial, esa fiel amiga imprescindible en nuestro día a día

Los polímeros se pueden definir como moléculas grandes (macromoléculas) formadas por la unión sucesiva, a modo de eslabones en una cadena, de cientos o miles de moléculas más pequeñas, llamadas monómeros. Entonces, un biopolímero será aquel polímero cuyo monómero tenga origen biológico o provenga de la naturaleza. La celulosa es el principal y mayor ejemplo de biopolímero, siendo su monómero un conocido azúcar, la glucosa, con una repetitividad (llamada grado de polimerización) de entre aproximadamente 15 y 14 000 unidades por cadena. La celulosa constituye el recurso polimérico renovable más abundante en todo el planeta, representando alrededor de $1,5 \cdot 10^{12}$ (un billón y medio) de toneladas de la producción anual total de biomasa a través de la fotosíntesis. De hecho, la cantidad de carbono fijado por la fotosíntesis, entre todos los organismos que la realizan, se ha estimado en 10^{10} (100 000 millones) de toneladas al año, y la mitad de todo ello se genera en forma de celulosa.

Este peculiar e importantísimo biopolímero, que lleva en nuestro planeta como poco 410 millones de años, no fue descubierto e identificado hasta hace algo más de 180. Anselme Payen, químico francés, obtuvo en 1838 un sólido fibroso muy resistente que permanecía tras haber tratado distintos tejidos vegetales con ácidos y con amoniaco, e incluso resistía extracciones con disolventes tales como el alcohol o el éter. Había descubierto la celulosa, término que acuñó un año más tarde (1839) en una de sus publicaciones para la academia francesa de las ciencias, al constatar que este material se encontraba eminentemente en las paredes de células vegetales. Pero ¿realmente la había descubierto él? Pues no del todo, de hecho, miles de años antes al descubrimiento de Payen, la celulosa (contenida en la madera o en el algodón) era ampliamente utilizada como fuente de calor o luz, como material de construcción o para fabricar prendas de ropa.

La celulosa ha sido un material esencial en la evolución histórica y cultural del ser humano, acicate de la invención del papel (atribuido a China en el año 105), permitiendo un registro y almacenaje de la información en un soporte mucho más eficiente. El devenir de la humanidad ha estado fuertemente marcado por la celulosa, desde los papiros egipcios (que aparecieron allá por el cuarto milenio a. C.) hasta el folio de papel de oficina que conocemos hoy en día, pasando por incontables productos de alto valor como textiles o combustibles. A Payen se le reconoce sobre todo que fue capaz de aislar la celulosa de manera selectiva entre los distintos biopolímeros que integran la materia vegetal, estudiando su composición química (determinada empíricamente como $C_6H_{10}O_5$), identificando su constitución a base de azúcares y destacando sus similitudes estructurales con el almidón. En definitiva, le dio nombre y entidad a un material que ya nos acompañaba desde hacía milenios y que, aún sin saberlo, en los siglos venideros, gracias a su trabajo pionero, generaría una revolución industrial y tecnológica.

Como dato adicional, Hermann Staudinger (químico alemán ganador del Nobel en 1953) determinó la estructura polimérica precisa de la celulosa en 1920, y la primera síntesis artificial de la celulosa pura (sin actuación de enzimas o entidades biológicas) fue publicada en 1996 por los científicos japoneses F. Nakatsubo, H. Kamitakahara y M. Hori.

La celulosa no solo es el biopolímero más abundante del mundo, sino que también es el polímero (a secas) más abundante.

Tal es su ubicuidad en nuestro planeta que se tiende a considerar que es incluso el material más abundante en la Tierra (contando tanto naturales como sintéticos). Es el componente principal de las plantas (especialmente en tallos, troncos y partes leñosas), desempeñando una función estructural gracias a su rigidez, pero también está presente en bacterias, hongos, algas e incluso en algunos animales. Aunque en algunos casos puede encontrarse en forma pura, como se comentó en el capítulo anterior, la celulosa generalmente se encuentra mezclada con otros biopolímeros de composición y estructura análogas, como son las hemicelulosas; o incluso de estructura poliaromática, como la lignina, dependiendo de la fuente vegetal considerada, pero sus particularidades químicas y estructurales hacen destacar a la celulosa de entre sus parientes más cercanos.

La celulosa es dura (con algunas de sus propiedades mecánicas comparables al vidrio o al hormigón), pero flexible; fibrosa, pero suave, y muy afín al agua, aunque completamente insoluble en ella. Este conjunto tan paradójico de propiedades es el que otorga a la celulosa las virtudes que nos benefician diariamente en distintas aplicaciones. Como ejemplo podemos mencionar un textil de algodón (que es prácticamente celulosa pura): podemos llevarlo puesto y, a pesar de su alta resistencia mecánica, lo sentimos ligero y agradable al tacto (¿cómo sería llevar una prenda de vidrio u hormigón?); podemos usarlo para absorber líquidos acuosos o lavarlo en agua sin que se disuelva (¿qué sucedería si no fuese insoluble?), e incluso podemos hacerle multitud de tratamientos químicos y físicos (como teñirlo o coserlo) sin que ello conlleve ninguna merma en sus propiedades. La clave de todo esto está en cómo se organiza la celulosa a nivel cristalino.

Para comprender los entresijos de esta complicada estructura se han utilizado técnicas de caracterización muy avanzadas (difracción de rayos X, resonancia magnética nuclear, microscopía electrónica...), y los resultados arrojados nos confirman que las cadenas de celulosa, en los cristales formados por ellas, están reforzadas por enlaces débiles (llamados puentes de hidrógeno). Estos están dentro de cada cadena y entre cadenas adyacentes y, a pesar de ser débiles por sí solos, la suma de todos ellos consolida una estructura jerárquica en la que las distintas cadenas forman cristales, que a su vez se organizan en fibras con forma de hélice y que, a su vez, se empaquetan en estructuras de mayor orden con forma laminar. Este tipo de estructura autoensamblada se asemeja mucho a las observadas en otros biopolímeros existentes en la naturaleza, tales como el colágeno, la quitina o el ADN.

Figura 8
Esquema de la estructura jerárquica de la celulosa dentro de la materia vegetal.

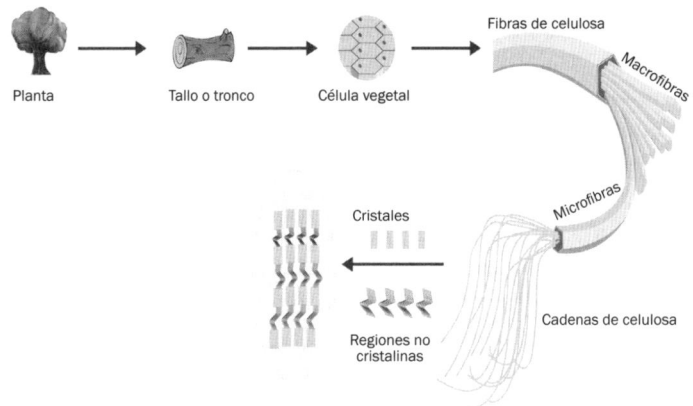

Fuente: Imagen adaptada del trabajo de Y. Xu et al., 2024.

La versatilidad química de la celulosa es tal que puede experimentar multitud de reacciones químicas y generar plásticos sintéticos, hecho que se llevó a cabo incluso antes de haberse inventado el plástico derivado del petróleo. De hecho, el primer polímero termoplástico (aquellos que son capaces de fundirse con la temperatura) obtenido con éxito de manera artificial por el ser humano, bautizado comercialmente como celuloide, fue sintetizado en 1870 a partir de celulosa por la empresa estadounidense Hyatt Manufacturing Company, que adquirió una patente británica de 1868 y explotó la receta para fabricar este plástico de manera industrialmente viable. Para ello, partieron de nitrocelulosa (derivado que se sintetizó por primera vez en 1846 gracias al trabajo de Christian Schönbein, químico germano-suizo, siguiendo la receta de fabricación del explosivo nitroglicerina sobre celulosa en vez de sobre glicerina) mezclada con alcanfor como suavizante. La gran ventaja del celuloide fue que, gracias a sus propiedades físicas y apariencia, pudo sustituir al marfil en la fabricación de productos comerciales como bolas de billar o teclas de piano, parando la inminente extinción de los elefantes, a los que habían diezmado para extraer el marfil de sus colmillos tras el auge en la demanda de este material a finales del siglo XIX.

Pero si por algo es todavía conocido el celuloide es por ser el material sobre el cual se construyó el séptimo arte, aplicación donde tuvo su época de oro. En 1887, el celuloide comenzó a usarse como soporte físico de películas fotográficas, en sustitución de las placas metálicas que se utilizaban hasta entonces, mucho más farragosas y caras. Esta aplicación revolucionó la fotografía e hizo posible el nacimiento del cine. Fue tal el *boom* de este material que la Real Academia Española de la Lengua, en una de sus acepciones del término, asimila el celuloide como definición de "industria o mundo del cine". Desafortunadamente, el celuloide era altamente inflamable, lo cual provocó aparatosos incendios en cines y estudios de grabación. A mediados del siglo XX, se retiró del cine, cediendo el protagonismo a otros nuevos plásticos, y en tiempos más recientes en favor de soportes digitales. En el resto de aplicaciones sucedió lo mismo, el celuloide fue cayendo en desuso y fue siendo reemplazado por otros plásticos como la baquelita (polímero de fenol y formaldehido, que tiene la particularidad de ser el primer plástico totalmente sintético que tuvo éxito comercial). A día de hoy aún se puede encontrar en limitados ámbitos de uso, tales como la música o el deporte, principalmente en púas de guitarra y pelotas de pimpón. La historia de este curioso plástico derivado de una fuente natural, como es la celulosa, nos enseña que la química puede transformar el mundo no solo proporcionando alternativas a materiales poco renovables (como el marfil) con otros más accesibles y modificables, sino también que un avance en un material tan extendido puede ser punta de lanza de toda una nueva tecnología o disciplina, tal como sucedió con el cine y la fotografía.

Si bien el celuloide es el ejemplo más conocido y curioso, no es el único derivado químico de la celulosa cuya relevancia industrial haya hecho avanzar a la sociedad; es más, a raíz de la invención del celuloide, hubo un veloz repunte en el diseño de otros derivados químicos de celulosa para cubrir aplicaciones de gran demanda. Dos excelentes ejemplos de ello son el rayón (también conocido como seda artificial), producido por primera vez en la década de 1890, y el celofán (archiconocido material flexible y transparente usado en envoltorios y adhesivos). Otro ejemplo fue el acetato de celulosa, inventado en 1893, que fue conformado en forma de película y de fibra, dando lugar en este último caso a uno de los primeros textiles sintéticos conocidos, además del ya mencionado rayón.

Fue tal la intensidad con la que se buscaban plásticos derivados de la celulosa a finales del siglo XIX que todo apuntaba a que la futura era del plástico que dominaría durante el siglo XX iba a tener un origen renovable a través de vegetales. Sin embargo, y por desgracia, todo acabó siendo muy distinto. En la década de 1910, la empresa fabricante de coches Ford Motor Company (una de las casas más antiguas del mundo) exploró ampliamente distintas fuentes naturales, más allá de la celulosa, para obtener derivados plásticos que sirviesen para mejorar el proceso de fabricación y las prestaciones de sus coches. Biopolímeros tales como la goma laca (obtenida del gusano de la laca), la gutapercha (proveniente de secreciones de árboles), la ebonita (un caucho modificado químicamente) o la caseína (conjunto de proteínas presentes en el cuajo de la leche) se probaron, hasta que finalmente, en 1941, nació el primer prototipo de coche que contenía este tipo de plásticos en su composición, en este caso derivado de la soja.

Como se puede deducir por las fechas, toda esta investigación y desarrollo de tecnología transcurrió entre dos guerras mundiales, con más contacto directo con la segunda (1939-1945). Esto supuso un verdadero quebranto al devenir de la industria de los plásticos, ya que la urgencia en desarrollar tecnología rápida para uso bélico truncó las propuestas de la casa Ford en favor de los plásticos y combustibles basados en el (aquel entonces) barato y accesible petróleo. De aquellos polvos estos lodos, ya que más de tres cuartos de siglo después aún no hemos sido capaces de desvincularnos de la industria petrolera (poco verde y poco sostenible) en lo que a materiales y combustibles se refiere, con las nefastas consecuencias que ello está trayendo a nuestro planeta; si bien es cierto que, a lo largo del siglo XXI, se está gestando de nuevo un interés por los plásticos basados en biopolímeros, fomentado por el aumento de los precios y la escasez del crudo. Ni que decir tiene que el uso directo de biomasa generada fotosintéticamente para producir compuestos químicos y materiales de alto valor sin recurrir a combustibles fósiles reduciría drásticamente el consumo estos últimos, paliando en buena medida el impacto antropogénico sobre el cambio climático. Tal y como reza el proverbio del latín, *tempora mutantur, nos et mutamur in illis* ('los tiempos cambian y nosotros cambiamos con ellos', o al menos deberíamos).

Volvamos de nuevo a la celulosa nativa, sin modificar químicamente. Hoy en día tenemos dos grandes nichos de aplicación de la misma, donde la materia vegetal celulósica es imprescindible para nuestro día a día, siendo esta necesidad vital la fuerza motriz de estos dos grandes sectores industriales: el papel y el textil. Comenzando por la primera, la industria del papel es una de las más grandes del mundo (dentro del top 10 mundial, probablemente entre los últimos puestos) y se basa en el procesado de la pulpa. El término *pulpa* alude a la materia prima que se procesa para fabricar papel. Generalmente se elabora a partir de madera, pero también puede provenir de otras fibras vegetales como bambú, cáñamo o papel reciclado.

El proceso de creación de pulpa conlleva la descomposición de fibras vegetales, ya sea por métodos mecánicos, químicos o una combinación de ambos, hasta obtener una consistencia pastosa. Por lo tanto, a la industria del papel le precede toda una industria de la pulpa, la cual se centra en la producción y el procesado de la misma, que luego se seca y se enrolla en láminas y que, en última instancia, se procesa aún más para obtener productos de papel terminados. Como dato global, la industria conjunta de la pulpa y el papel suministra papel a más de 5000 millones de personas en todo el mundo (más de un 60% de la población mundial). En origen, la fabricación de papel era un proceso lento y laborioso. Hoy en día, el procesado de pulpa y la fabricación de papel se realizan en maquinarias de alta tecnología, alta velocidad y alto coste, que producen rollos de papel con una cadencia que puede alcanzar los 2 km/min y con una anchura que puede superar los 8 metros.

El papel es esencialmente una lámina de fibras de celulosa que puede tener (o no) diversos aditivos, añadidos para mejorar su calidad y su idoneidad según el uso final previsto. Es un material importante, utilizado a diario para diversos fines en todos los rincones del planeta. Según datos de la Organización de las Naciones Unidas para la Alimentación y la Agricultura (FAO), entre 2020 y 2022, la producción media de papel y cartón se estimó en 411 millones de toneladas a nivel mundial. Más de la mitad de esa producción correspondió al papel de embalaje, mientras que casi un tercio al papel gráfico. Se estima que el consumo mundial de papel en 2026 podría llegar a ascender a 500 millones de toneladas, suponiendo un crecimiento de en torno a un 4,5% anual desde 2020. El dato es asombroso, ya que implica que el consumo mundial ha aumentado casi su propia mitad en los últimos 40 años. Los tres mayores productores de papel del mundo son China, Estados Unidos y Japón. Los tres representan la mitad de la producción mundial total, mientras que los principales productores de pulpa a nivel mundial son Estados Unidos, Brasil y Canadá.

Aunque la pulpa y el papel se fabrican a partir de fibras celulósicas y otros materiales vegetales, se pueden utilizar algunos materiales sintéticos para conferir cualidades especiales al producto final. La mayor parte del papel se fabrica con fibras de madera, pero en algunos casos también se utilizan trapos, lino, algodón y bagazo (un residuo de la caña de azúcar). El papel usado también se recicla y, tras purificarlo (en ocasiones, incluso también destintarlo), suele mezclarse con fibras vírgenes y transformarse en papel reciclado. A pesar de todos estos avances, la industria del papel aún requiere mejoras para ser más ecológica y sostenible, tanto en el consumo de agua como en el control sobre la generación y gestión de residuos, así como en evitar la utilización de reactivos tóxicos o contaminantes. Afortunadamente, el auge de la digitalización en los últimos tiempos ha reducido en cierta medida el consumo del papel convencional, por lo que a día de hoy entre el 50 y el 60% del papel producido a nivel mundial ya es reciclado. De un modo u otro, la celulosa es la piedra angular de esta industria que tiene gran repercusión en el almacenamiento y transmisión de la información impresa, en embalajes, envases alimenticios o tejidos para limpieza y secado, pero aún hay una industria aún más grande construida en torno a este fascinante material natural: la industria textil.

Para entrar de lleno en esta industria cabe primero presentar brevemente al algodón en este contexto. La fibra de algodón utilizada en la producción textil se obtiene de plantas del género *Gossypium* y constituye el cultivo textil natural más importante del mundo, ya que proporciona el 81% de la fibra natural mundial y el 27% de la producción textil mundial (según datos de la FAO de 2021). Estudios recientes han situado las fechas de aparición de las fibras de algodón en los asentamientos humanos del continente americano desde hace ya ocho milenios y se posee a día de hoy un conocimiento claro sobre la historia de la domesticación de la planta de algodón. Si bien en el siglo XI a. C. los humanos en América ya utilizaban otras fibras vegetales, el algodón parece haber estado vinculado con el desarrollo de actividades intensivas en la agricultura, la pesca, la artesanía, el comercio y, a nivel global, con el surgimiento de civilizaciones. Por todo ello, el algodón parece haberse expandido en todo el planeta como ninguna otra fibra textil, volviéndose casi omnipresente desde la América tropical hacia el resto del mundo, desde hace miles de años hasta nuestros días.

En términos de tamaño, la industria textil actual (relativa a la fibra de algodón) es sin duda otra de las más grandes del mundo, de entre todas las existentes, y estaría una o dos posiciones por encima de la industria del papel dentro de ese top 10 mundial. En esencia, la industria textil del algodón representa una de las vías más significativas a través de las cuales la celulosa genera un alto impacto en la sociedad moderna. Dado que las fibras de algodón están compuestas en más de un 90% por celulosa, su uso generalizado en prendas de vestir, en textiles domésticos o en productos sanitarios reafirma la importancia de este biopolímero en lo que respecta a la cobertura de nuestras necesidades básicas, lo cual tiene una gran repercusión económica. Además, la industria del textil de algodón contribuye en gran medida a la economía mundial, dando empleo a millones de personas y generando miles de millones de euros en ingresos cada año.

A pesar de su relevancia, no está exenta de desafíos que atañen directamente a su propia sostenibilidad, con amenazas como el cambio climático (que pone en peligro las cosechas), la competencia generada por las fibras sintéticas y otras cuestiones en materia de políticas comerciales. Cabe reseñar que la industria textil es la segunda que más agua consume en el mundo (4% del agua dulce mundial), solo superada por la industria agroalimentaria, y es la cuarta industria más contaminante del mundo (siendo sus principales desechos emisiones de gas de efecto invernadero y residuos químicos procedentes de las tinciones).

Existe ya un consenso en que tanto la industria del papel como la del textil de algodón deben plantearse una transición hacia prácticas más sostenibles, ser plenamente compatibles con la digitalización global y poder adaptarse a las preferencias cambiantes de los consumidores, los cuales son capaces de impulsar grandes cambios. Con su impacto global, tendencias y desafíos, las industrias más relevantes cuya materia prima se centre en la celulosa se deberán preparar para evolucionar hacia dinámicas más sostenibles en los próximos años en aras de poder seguir abasteciendo al ser humano, con productos de primera necesidad sin generar daños irreversibles al planeta.

En resumen, en este capítulo se ha hecho un recorrido completo por la celulosa, la base del material más abundante de nuestro planeta. Desde su utilización hace milenios como componente de prendas para vestir, pasando por la invención del papel hace decenas de siglos y su tardío "descubrimiento" hace escasamente 180 años. La celulosa, ese fascinante biopolímero formado por unión repetitiva de moléculas de glucosa, no solo ha estado siempre presente en las necesidades más relevantes del ser humano, ya sea para vestirnos, secarnos, servir de combustible o guardar nuestra información escrita; también ha tenido un papel protagonista en momentos cruciales de nuestra historia, como servir de base para la síntesis de plásticos que serían el soporte físico del cine, la fotografía o de productos de ocio y tecnología (salvando de la extinción a los elefantes en el proceso), hasta llegar en nuestros días a ser la pieza central de dos de las industrias más importantes (y por desgracia, más contaminantes) del mundo.

Pero si hay algo importante es la interesantísima estructura jerárquica que presenta, donde las cadenas de celulosa se unen en forma de fibras, que a su vez se ensamblan en hélices de mayor tamaño y que, a través de agregaciones de mayor entidad, acaban formando paredes de células vegetales y estructuras leñosas en troncos y tallos de plantas. Ahí, en lo más elemental de esa estructura, donde conviven regiones cristalinas con regiones no cristalinas, existe un tesoro oculto que se desvelará en el próximo capítulo.

CAPÍTULO 4

Buscando diamantes en un plato de espaguetis: nanomateriales escondidos en la materia vegetal

Imaginemos que estamos frente a un plato lleno de espaguetis. A simple vista parece una masa desordenada de fideos enmarañados, un caos que no parece albergar nada interesante. Pero imaginemos también que a pesar de estar cocidos *al dente*, al masticarlos crujiesen más de lo esperado, como si tuviesen pequeños granos imperceptibles mucho más duros que los propios fideos. Podemos deducir que dentro de ese enredo hay algo que no se ve a simple vista, pero que se nota al masticar, al palparlos: pequeños "diamantes", diminutos, brillantes y extremadamente valiosos, que solo pueden encontrarse si los sabes buscar. Este es el símil perfecto de lo que sucede con la celulosa, principal componente de las paredes celulares de las plantas y totalmente ubicuo en la naturaleza, como vimos en el capítulo anterior. Su morfología a simple vista es muy común, sencilla, casi predecible, pero cuando la analizamos en detalle, en lo que respecta a su estructura nativa, se nos revelan unas características sorprendentes: podemos hallar nanoestructuras cristalinas (asimilables conceptualmente a diamantes enanísimos), con propiedades excepcionales "escondidas" en lo más profundo de su estructura, lo que parece ser solamente un plato de espaguetis.

Como se ha comentado anteriormente, la celulosa es el principal componente de la materia vegetal y, como tal, el polímero más abundante en la Tierra. La celulosa derivada de la madera se utiliza industrialmente para la producción de papel y cartón, así como ciertos derivados que pueden constituir materiales textiles y de construcción. Además, la producción de celulosa no se limita al reino vegetal, pues también la pueden producir ciertos hongos, algas, bacterias y algunos organismos marinos de la clase Ascidiacea, comúnmente conocidos como tunicados. A pesar de sus orígenes tan diversos, la estructura de la celulosa es común a todos ellos y, tal como se explicó en el capítulo anterior, se basa en una organización jerárquica de cadenas que se van ensamblando en hélices, fibras y formaciones de mayor magnitud hasta conformar lo que finalmente se conocerá como celulosa.

FIGURA 9
Dibujo conceptual que representa la analogía entre la estructura jerárquica de la celulosa y unos espaguetis que esconderían diamantes (nanocristales) entre los fideos.

FUENTE: IMAGEN GENERADA MEDIANTE HERRAMIENTA DE IA Y RETOCADA DIGITALMENTE.

Fijémonos ahora en la estructura más elemental de la celulosa, cuando las primeras cadenas de glucosa polimerizada tratan de entrelazarse para formar fibras de mayor orden. Pueden suceder dos situaciones bien diferenciadas en lo que respecta al ordenamiento de estas cadenas: que se "empaqueten" bien, de manera compacta y regular, o bien que no lleguen a organizarse de ningún modo específico y queden revueltas o enmarañadas. De hecho, en una misma fibra de celulosa coexisten ambas situaciones.

Los dominios más ordenados y compactos (de alta cristalinidad) se alternan con los desordenados y amorfos (de baja cristalinidad) de manera secuencial. Si dicha fibra en su conjunto es muy pequeña puede llegar a denominarse microfibra, y si alcanza al menos una dimensión en el orden del nanómetro se conocerá como nanofibra. Las microfibras de celulosa pueden convertirse en nanofibras a través de distintos tratamientos físicos o químicos, que tendrían el efecto de separar las hebras compuestas en otras más finas, con tamaños ya dentro del rango del nanómetro. Pero yendo aún más allá, si somos capaces de aislar esos "paquetitos" de cadenas de celulosa bien ordenadas y cristalizadas, entonces tendremos lo que se conoce como nanocristal de celulosa.

Figura 10

Esquema de la estructura de una microfibra de celulosa y de cómo se puede procesar para dar nanofibras o nanocristales de celulosa. Los pictogramas de espaguetis y diamantes son analogías conceptuales para dar cuenta de las zonas no ordenadas (amorfas) y ordenadas (cristalinas) de la celulosa, respectivamente.

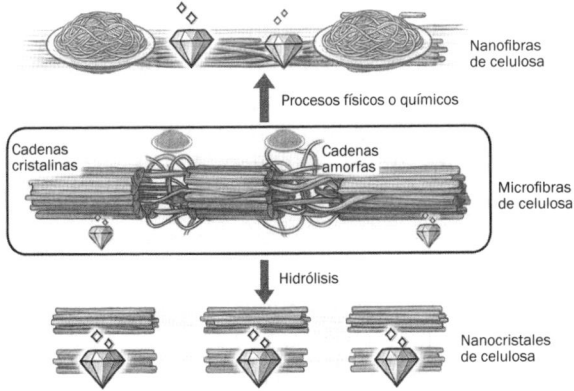

Fuente: Imagen generada mediante herramienta de IA y retocada digitalmente.

Los nanocristales de celulosa son estructuras que, aun siendo diminutas, tienen una resistencia mecánica impresionante (con módulos elásticos que pueden llegar al orden de 100-150 GPa), valores que entran dentro del mismo rango de propiedades mecánicas que el aluminio o el titanio, e incluso comparable o superior a materiales sintéticos altamente resistentes como la fibra sintética de poliarilamida Kevlar® o la fibra de vidrio, pero siendo mucho más ligeros. Estos cristales tienen forma de aguja y unas dimensiones promedio de en torno a 5-20 nm de diámetro y 100-300 nm de longitud. Es decir, son tan pequeños que a simple vista no podríamos verlos, pero son lo suficientemente versátiles como para poder usarse en una gran variedad de aplicaciones, por ejemplo, como aditivo en materiales compuestos o hasta ser la base de productos más sostenibles y ecológicos como los bioplásticos. Por otro lado, las nanofibras de celulosa no son menos sorprendentes. Son fibras extremadamente finas (en torno a 10-100 nm de diámetro y hasta varias micras de longitud) que pueden emplearse también para crear materiales compuestos, y por su naturaleza ligera y resistente están revolucionando las industrias de alimentos, construcción y embalaje, entre otras. Al igual que los nanocristales, estas nanofibras también provienen de la celulosa que está en la materia vegetal, teniendo también la capacidad de otorgar circularidad y valor añadido a residuos vegetales sin ninguna utilidad aparente. Y todo esto parte de una materia prima muy simple.

El proceso de extraer los nanocristales de celulosa de una fuente vegetal es conceptualmente sencillo, pero experimentalmente delicado. En esencia, se trata de separar esos "diamantes" tan compactos y cristalinos de la parte amorfa (no ordenada) que constituyen cada uno de esos "fideos" de celulosa, y no es sencillo, dado que ambas estructuras forman parte de las mismas cadenas de glucosa, por lo que están químicamente unidas. Por lo tanto, la manera de separarlas también debe ser a través de la química. Toda esta metodología se concibe bajo el principio de que una entidad no ordenada (amorfa) será mucho más reactiva ante un agente químico externo que esa misma entidad en un estado de mayor ordenación (cristalina), llegando así a poder disolver selectivamente las partes amorfas, mientras quedan intactas y aisladas las partes cristalinas de esas fibras de celulosa. En ese momento se puede ya hablar propiamente de nanocristales de celulosa.

FIGURA 11
Imagen de microscopía electrónica de transmisión donde se muestran nanocristales de celulosa obtenidos a partir de hidrólisis ácida de microfibras de celulosa proveniente de algodón. Nótese la evidente forma acicular de los nanocristales. Barra de escala = 0,5 micras.

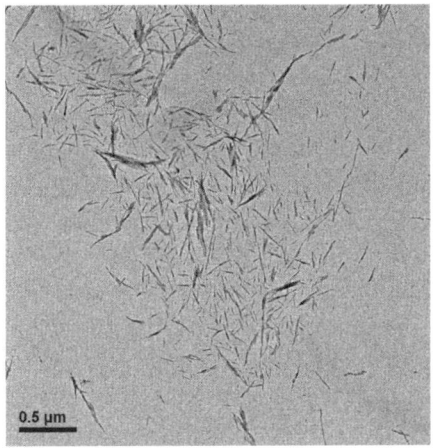

0.5 µm

FUENTE: IMAGEN REPRODUCIDA CON PERMISO DE GONZÁLEZ-DOMÍNGUEZ ET AL., 2019, DE LIBRE REPRODUCCIÓN SEGÚN ACUERDO DE CIENCIA ABIERTA CON LA AMERICAN CHEMICAL SOCIETY.

La reacción más utilizada para este fin es la de hidrólisis ácida, que no es más que hacer reaccionar la celulosa con agua en presencia de un ácido mineral (generalmente ácido sulfúrico) a la concentración adecuada y con una velocidad de adición y una temperatura muy controladas también. Realizando este proceso adecuadamente se dejan al descubierto esas nanoestructuras tan valiosas, que quedan suspendidas en agua para su posterior uso en las aplicaciones deseadas. Es un proceso que lleva tiempo, esfuerzo y mucha investigación científica, pero lo que se obtiene a cambio es una clase de nanomateriales con un potencial gigantesco.

Históricamente, la concatenación de descubrimientos que nos ha llevado hasta los nanocristales de celulosa que hoy conocemos tuvo su origen en el siglo XIX. En 1858, el botánico suizo Karl Wilhelm von Nägeli, en su libro *Pflanzenphysiologische Untersuchungen* ('Estudio fisiológico de plantas'), asumió la existencia de (lo que en aquel momento denominó) micelas anisotrópicas en la celulosa nativa, deducido a partir de observaciones de microscopía óptica, constatándose posteriormente la naturaleza cristalina de estas micelas mediante difracción de rayos X a principios del siglo XX.

Las primeras imágenes de tales micelas de celulosa aisladas, que hoy ya sabemos que son nanocristales de celulosa, fueron obtenidas por el científico sueco Bengt Rånby en 1949 mediante microscopía electrónica. Después de tratar la pulpa de madera con una disolución de ácido sulfúrico en ebullición, Rånby obtuvo coloides (sólidos en suspensión líquida, pero sin llegar a estar disueltos) de partículas aciculares con longitudes entre 50 y 60 nm y anchos entre 5 y 10 nm. En 1959, el científico estadounidense R. H. Marchessault y sus colaboradores fueron los primeros en describir la birrefringencia (propiedad de algunos materiales de descomponer la luz en dos rayos con distinta velocidad y dirección) de los coloides formados por nanocristales de celulosa en agua. A pesar de que la primera prueba irrefutable de la existencia de nanocristales de celulosa se obtuvo en 1949 gracias al trabajo de Rånby, estos no recibieron mucha atención hasta 1992, cuando sus suspensiones coloidales mostraron inesperadamente propiedades ópticas de tipo cristal líquido. Fue el profundo interés en los cristales líquidos, que estaban en auge en los años noventa (ya que combinan propiedades de líquidos y sólidos, permitiendo avances clave en pantallas, sensores y biotecnología), lo que motivó a la comunidad científica a explorar los nanocristales de celulosa como posible material para este fin.

Cabe señalar que, si bien la nanocelulosa es el ejemplo más paradigmático y representativo de todos los nanomateriales que la naturaleza "esconde", no es el único. Biopolímeros muy abundantes en la naturaleza con estructura y composición química muy parecida a la celulosa, como el almidón o la quitina, también tienen dominios cristalinos de tamaño nanométrico dentro de su organización estructural. En concreto, la quitina, que es un biopolímero de glucosamina, componente estructural de exoesqueletos de insectos y crustáceos, y considerado el segundo biopolímero más abundante del mundo después de la celulosa, presenta una estructura jerárquica que también "escondería" los mismos nanomateriales, nanocristales y nanofibras. De hecho, se pueden obtener nanocristales de quitina de manera directa tratando una muestra de este biopolímero (por ejemplo, extraído de la cáscara de gamba) por el método anteriormente mencionado de hidrólisis ácida, en este caso con ácido clorhídrico.

Estos nanocristales presentan también forma de aguja y pueden ser incluso más resistentes mecánicamente que los de celulosa. Y más allá de los biopolímeros basados en azúcares, la naturaleza también tiene "escondidas" nanoestructuras en otras familias de biopolímeros como son los basados en proteínas. Ejemplos de estos serían las nanofibras de colágeno o las de fibroína de seda de gusano. Todo ello, de nuevo, con grandes perspectivas de sostenibilidad y de proporcionar un nuevo enfoque más "verde" a la nanotecnología. Pero sí, la nanocelulosa fue la pionera de entre todas estas nanoestructuras y lidera una nueva corriente que ya está revolucionando la comunidad científica.

Es fascinante pensar que algo tan ubicuo como la celulosa, que conocemos como el material que da estructura a las plantas, pueda esconder en su interior tal riqueza de nanoestructuras. Y lo mejor de todo es que estamos apenas comenzando a comprender todo lo que la nanocelulosa puede hacer. En la era actual de la nanotecnología, este ancestral biopolímero tiene todo el potencial para generar grandes cambios de paradigma en el modo que se procesan otros nanomateriales, pudiendo hacer virar los futuros avances hacia soluciones mucho más sostenibles y respetuosas con el medioambiente. En lugar de seguir dependiendo de materiales no renovables, tenemos ante nosotros una oportunidad increíble de cambiar nuestra forma de hacer las cosas, usando lo que la naturaleza ya nos ofrece.

Lo que hace de la nanocelulosa algo tan interesante es que no solo es fuerte y ligera, sino que también es un material renovable, biodegradable y completamente natural. Todo esto sumado a un "tesoro" a nanoescala que ha estado oculto en lo profundo de las estructuras de las plantas y de otros seres vivos durante millones de años. Lo que comenzó como un material sencillo y de uso limitado ha ido transformándose a través de años de investigación en un recurso increíblemente valioso. Estamos aprendiendo a "buscar los diamantes" dentro de la celulosa, ese plato de espaguetis que aparentemente no aportaba más que unos fideos, y aunque el proceso lleva tiempo y esfuerzo, los resultados prometen cambiar muchos aspectos de nuestra vida cotidiana, haciéndola más sostenible, eficiente y, por supuesto, más interesante.

La ciencia detrás de estos descubrimientos es clave. Hoy en día la investigación científica está evaluando cómo usarla para hacer productos más sostenibles y ecológicos, desde nuevos tipos de plásticos que se descomponen más rápido hasta materiales para la industria de la electrónica y la medicina. Para tener una idea más profunda de todos estos avances, no os perdáis los siguientes capítulos.

CAPÍTULO 5

Desarrollo de una nanotecnología verde: la nanocelulosa como herramienta disruptiva en el procesado sostenible de otros nanomateriales

La nanotecnología ha sido, desde hace décadas, una de las mayores promesas de progreso tecnológico que emergen de investigaciones científicas de primer nivel. La capacidad para manipular la materia a escala nanométrica está permitiendo avances impensables en campos tan diversos como la medicina, la electrónica, la energía o los materiales. La nanotecnología se considera una tecnología facilitadora clave, cuyo sector económico sostiene a cientos de miles de trabajadores en todo el mundo y sus productos generan un tamaño de mercado que podría haber superado los 125 000 millones de dólares estadounidenses en el año 2024. Por tanto, podemos afirmar sin titubeos que vivimos en una era tecnológica que empieza a estar dominada por la nanoescala. De hecho, en términos de investigación científica, nuestra era más reciente se reconoce como la de la nanociencia y la nanotecnología, ya que todas las ramas de la ciencia, la ingeniería y la tecnología tienen un nexo común de unión en la nanoescala para brindar soluciones efectivas en aras de impulsar a la humanidad hacia su máximo potencial. Sin embargo, como ocurre con muchas tecnologías emergentes, su desarrollo no está exento de desafíos.

Dispersar nanopartículas en líquidos:
una auténtica odisea

Con la reducción de las dimensiones en la materia macroscópica surge un aumento exacerbado de la superficie de contacto, así como nuevos fenómenos de tipo cuántico que, conjuntamente, son los responsables de todas esas propiedades tan únicas y novedosas que se han ido comentando hasta este punto. Sin embargo, un tamaño así de pequeño también conlleva una alta energía superficial, la cual, por su propia naturaleza, fuerza a las nanopartículas a agregarse entre ellas como vía para reducir todo ese exceso de superficie. Esto ocurre porque las fuerzas de atracción entre ellas superan las fuerzas de repulsión, mermando sus capacidades al agregarse y dificultando así su aplicación.

Si bien la agregación de nanopartículas puede ser ventajosa en casos específicos (como, por ejemplo, para fines cromáticos o de autoensamblaje), esta debería realizarse de forma perfectamente controlada para que tuviese un uso práctico, algo que rara vez está al alcance. En casi todas las situaciones, la agregación no deseada es la más común y tiene consecuencias negativas en el procesado de los nanomateriales, debiendo evitarse para garantizar la conservación de las propiedades nano que poseen las nanopartículas a nivel individual. Salvo la excepción de generar o crecer una nanopartícula directamente sobre el lugar donde se la desea tener (algo exclusivo de muy pocos nanomateriales y tremendamente complejo de realizar), podríamos decir que prácticamente no existe aplicación en nanotecnología donde no se requiera, antes o después, de un modo u otro, la dispersión de nanopartículas en un medio líquido como vía de procesado, constituyendo dicho medio un vehículo de traslado de las nanopartículas hacia su destino. Justo en este punto reside uno de los problemas menos visibles pero más importantes de la nanotecnología, como veremos a continuación: el proceso de dispersión de nanopartículas en fase líquida.

Aunque pueda parecer un detalle técnico sin importancia, la forma en que se dispersan estas diminutas estructuras en líquidos determina en gran medida su funcionalidad, estabilidad y seguridad. Y, como se verá más adelante, también tiene implicaciones importantes en términos medioambientales. Para aprovechar las propiedades de los nanomateriales se requiere una rutina de dispersión sencilla que los lleve a un medio líquido, manteniéndolos estables en suspensión el mayor tiempo posible. La suspensión en fase líquida de las nanopartículas es la estrategia principal mediante la cual estas pueden manipularse, transportarse e incorporarse a su destino de aplicación final (comúnmente una superficie, una matriz polimérica, un circuito, un dispositivo, etc.). Esto supone un gran reto debido a la mencionada tendencia a la agregación, causada por diversas fuerzas de atracción que experimentan las nanopartículas entre sí. A este problema se le suma otro: la eliminación del disolvente, necesario una vez finaliza ese procesado y que irremediablemente genera fuerzas capilares que, de nuevo, promueven la agregación, en muchos casos de forma irreversible. En definitiva, dispersar nanopartículas significa distribuirlas en suspensión de manera uniforme en el seno de un medio líquido, para trasladarlas posteriormente a su lugar de destino sin que se aglomeren ni pierdan sus propiedades. Este concepto es esencial, pero lograrlo no es fácil, ya que los procedimientos tradicionales para ello suelen ser agresivos, poco sostenibles y, en muchos casos, dañan las propias nanopartículas.

Centrémonos ahora en la nanotecnología del carbono, que, como se ha explicado en el primer capítulo, tiene una gran repercusión en el desarrollo de materiales, siendo considerados los nanotubos de carbono o el grafeno estandartes del avance tecnológico. Por desgracia, las nanoestructuras basadas en carbono (como todas las inorgánicas) no están exentas de problemas cuando llega el momento de su dispersión en fase líquida. Para sortear este escollo, históricamente se han empleado dos estrategias principales con miras a evitar la formación de agregados: por un lado, un enfoque que consiste en aplicar fuerzas mecánicas, tales como ultrasonidos o de cizalla por molienda; por otro lado, otra que se basaría en compensar la energía superficial de las nanopartículas mediante modificaciones químicas o físicas. Los tratamientos mecánicos pueden ser agresivos, ya que destruyen la relación de aspecto (la proporción entre longitud y diámetro) y también pueden alterar la forma de las nanopartículas. Por otro lado, los tratamientos químicos se refieren principalmente a tratamientos de oxidación o a la química basada en radicales, capaces de anclar diferentes grupos funcionales orgánicos en la superficie que proporcionan afinidad por los medios líquidos donde se deseen dispersar. Sin embargo, ambas estrategias, de una u otra forma, causan perturbaciones suficientemente importantes en la estructura de las nanopartículas que pueden conllevar la pérdida de las propiedades que le otorga la escala nanométrica, poniendo en riesgo su valor científico y tecnológico.

Se han evaluado más de 60 disolventes diferentes por su eficacia en la dispersión y exfoliación líquida de nanomateriales de carbono; un ejemplo de ello es la N-metil-2-pirrolidona (NMP), que permite igualar las tensiones superficiales de las nanopartículas con las del disolvente. Sin embargo, los disolventes con puntos de ebullición tan elevados (en el caso de la NMP, se encuentra por encima de 150 °C) acarrean problemas ambientales importantes, ya que suelen ser difíciles de eliminar, reciclar e industrializar (por no decir que son extremadamente tóxicos), lo cual limita sobremanera su uso práctico.

El agua tiene la estructura molecular más simple y una abundancia enorme, lo que la convierte en el medio líquido ideal para cualquier tipo de procesado de nanopartículas. Sin embargo, debido a la alta repulsión por el agua y la insolubilidad de la mayoría de las nanopartículas de carbono y metálicas, para poder trabajar en agua es necesario añadir sustancias auxiliares (detergentes, polímeros, etc.) que también pueden llegar a ser muy tóxicas, entrando de nuevo en un bucle interminable donde, si favorecemos la dispersión, perjudicamos la conservación de propiedades y la viabilidad ambiental; puede tornarse imposible conseguirlo todo a la vez.

El impacto transformador de la nanocelulosa en el ámbito de la sostenibilidad

En años recientes, la nanotecnología se inclina progresivamente hacia contextos de trabajo más ecológicos y de mayor sostenibilidad porque, como cualquier otra disciplina, debe evolucionar hacia prácticas más responsables y respetuosas con el entorno. La elección de materiales es, por tanto, clave en este proceso. Con el aumento de los productos comerciales y empleos relacionados con la nanotecnología a nivel mundial, de una forma u otra, el creciente contacto de la población con los nanomateriales empieza a generar una preocupación incipiente no solo por los posibles riesgos desconocidos para la salud que puedan surgir, sino también por las dudas acerca de si la nanotecnología podrá llegar a cotas aceptables de sostenibilidad.

La nanotecnología verde, definida como aquella que sigue los principios de la química verde, debe cumplir estrictos requisitos de benignidad ambiental para ser considerada como tal. Por eso, de momento solo es una realidad tangible en la experimentación a pequeña escala y con niveles bajos de madurez tecnológica. Estudios sobre este tema publicados en los últimos años ya dejan claro que el procesado y la aplicación de la mayoría de los nanomateriales conllevan una gran huella de carbono generada por una gran demanda energética desde su síntesis hasta su aplicación final, sin mencionar la generación de residuos no degradables y su acumulación en el medioambiente al final de su vida útil. Por lo tanto, las denominaciones "verde", "ecológico" o "sostenible" a menudo no vienen avaladas por datos experimentales en muchos trabajos de investigación.

En cuanto a la nanocelulosa, en este contexto, existen dos características particularmente cruciales que permiten cumplir con los atributos necesarios para considerarse ecológica y verde, como son la naturaleza renovable de su materia prima (generalmente biomasa vegetal de origen agrícola o alimentario) y su biodegradabilidad. Por lo tanto, el único aspecto a considerar para determinar su sostenibilidad sería la naturaleza de los procedimientos experimentales utilizados para su síntesis. De los diferentes métodos posibles para obtener nanocelulosa, la hidrólisis ácida es, con diferencia, la más empleada y, a pesar de no ser particularmente dañina para el medioambiente, aún tiene un amplio margen de mejora en términos de reducción del consumo de reactivos y energía, así como en la recuperación y reutilización de los ácidos empleados. A diferencia de muchos otros nanomateriales, los estudios de impacto ambiental realizados sobre el proceso de producción de nanocelulosa revelan una reducción real y efectiva de tal impacto en escenarios de producción industrial, de al menos 6,5 veces el daño ambiental por kilogramo de material producido con respecto a otros nanomateriales. Si bien estos datos aún no pueden considerarse una determinación definitiva de sostenibilidad, sin duda sientan las bases para aupar a la nanocelulosa como el primer nanomaterial conocido que pueda llegar a considerarse plenamente sostenible.

Una tinta para procesarlos a todos: nanocelulosa como agente dispersante en agua de otras nanopartículas

Una de las mejores maneras, si no la mejor, de procesar nanopartículas en fase líquida es la formación de una tinta. Las tintas son combinaciones complejas de componentes y aditivos suspendidos en un medio líquido, generalmente un disolvente orgánico con un alto punto de ebullición. Las concentraciones y propiedades químicas de estos componentes determinan las características físicas de la tinta, como por ejemplo su viscosidad, su tensión superficial y su conductividad. Una tinta se diseña específicamente para ser depositada mediante técnicas de recubrimiento dirigido en superficie, comúnmente conocido como "impresión", donde el agua es el disolvente clave, el más deseado, para lograr un desarrollo seguro y sostenible de esta tecnología. Las tintas conductoras acuosas tradicionales suelen requerir grandes cantidades de surfactantes iónicos (detergentes), ya que de otro modo los componentes no se dispersan en agua. Además, un obstáculo importante para la impresión de tintas acuosas, con propiedades ópticas y electrónicas basadas en nanopartículas, es que depositar una película uniforme y densa es algo que se puede tornar complicado, pero a la vez resulta esencial para garantizar una conductividad óptima. Además, para obtener tintas nanotecnológicas que satisfagan las necesidades de una aplicación concreta, ya sea en agua o no, la cantidad de estabilizantes y otros aditivos necesarios, tales como los espesantes poliméricos, suele ser comparable en peso como mínimo a la de la propia nanopartícula conductora (a menudo mucho más, pudiendo llegar incluso hasta diez veces más). El exceso de aditivos puede dificultar la fijación de las nanoestructuras a los sustratos donde se impriman o depositen, lo que acarrea en definitiva problemas de viabilidad y sostenibilidad.

Por lo tanto, la interacción de la nanocelulosa con otras nanoestructuras podría impulsar la tan ansiada sostenibilidad en el campo de la nanotecnología. En este contexto surge una idea revolucionaria: facilitar la dispersión de nanopartículas en líquidos acuosos utilizando nanotecnología verde, solucionando así de raíz un problema intrínseco a la propia nanotecnología. Aquí es donde entra en juego la nanocelulosa, que funciona como un agente activo de dispersión en agua. Esto significa que no solo evita la agregación de las nanopartículas que se deseen dispersar, sino que también interactúa con ellas, facilitando su suspensión homogénea y estable sin dañarlas, y preservando así sus propiedades. Además, no requiere excesivas cantidades para conseguir un excelente resultado y su presencia es inocua tanto para la aplicación a la que vaya dirigida como al propio medioambiente. Este concepto no solo ayuda al procesado de los nanomateriales en dispersión líquida, sino que también abre la puerta a una nanotecnología más limpia, más segura y más alineada con los principios de la economía circular, gracias a la que podría llegar a pensarse en utilizar solamente agua como medio.

¿Lleva mucho tiempo haciéndose esto en nanotecnología?

Pues realmente no mucho. Se podrían destacar dos grupos de investigación que hayan trabajado con la fabricación de tintas acuosas con nanoestructuras de carbono usando nanocelulosa solamente como único aditivo, actuando esta como agente dispersante y evitando todo tipo de modificaciones químicas previas. Entre 2012 y 2018, varias publicaciones del grupo de Investigación liderado por Olivier Chauvet en la Universidad de Nantes (Francia) exploraron la integración de nanocelulosa con nanotubos de carbono para formar suspensiones acuosas que podían depositarse en forma de películas híbridas con propiedades ópticas, eléctricas y estructurales ajustables. Estas películas mostraron potencial para aplicaciones sostenibles en electrónica, sensores y materiales renovables, gracias a la interacción controlada entre los componentes orgánicos e inorgánicos. Por otro lado, en el Grupo de Nanoestructuras de carbono y Nanotecnología del Instituto de Carboquímica (ICB-CSIC) de Zaragoza, el autor que aquí escribe investiga activamente, desde 2018, sobre esto mismo.

Los resultados obtenidos hasta la fecha representan, en conjunto, un avance significativo en la fabricación de tintas innovadoras a base de agua que integran nanotubos de carbono, derivados del grafeno e incluso óxidos metálicos semiconductores. Estas tintas permiten la producción de películas conductoras, sensores electroquímicos y fotoelectrodos sin necesidad de disolventes orgánicos ni surfactantes tóxicos. La novedad investigada desde el ICB-CSIC reside en el control personalizado de la viscosidad y la composición de la tinta, lo que permite aplicaciones escalables y versátiles en electrodos para sensorización y energía (tanto almacenamiento como conversión o producción). Este enfoque no solo preserva las propiedades intrínsecas de los nanomateriales funcionales, sino que también introduce nuevas características híbridas, posicionando a las tintas con nanocelulosa como una solución transformadora para la nanotecnología verde con relevancia global.

Nuestros principales logros incluyen la fabricación de películas conductoras mediante pulverización, recubrimiento por rodillo o serigrafía, con altos valores de conductividad superficial. Algunas de estas tintas acuosas ya se han incorporado a sistemas eléctricos o electroquímicos con un rendimiento excelente, obteniendo resultados récord. Por ejemplo, un prototipo de batería, en el que dichas películas funcionan como cátodo de aire, ha demostrado una gran capacidad de descarga y una densidad de potencia enorme (comparables a modelos comerciales), con solo un 1% en peso del catalizador activo, lo que supone una drástica reducción de metales en la composición de la batería. En otro ejemplo, nuevos textiles electrónicos fabricados con algodón y modificados con estas tintas han mostrado resultados importantes en términos de propiedades termoeléctricas (la capacidad de producir electricidad con cambios de temperatura), sin mermar tras lavarse los textiles. En esencia, la versatilidad de esta novedosa familia de tintas a base de agua con nanocelulosa y otros nanomateriales permite su impresión o depósito mediante métodos muy accesibles y de alto rendimiento, como el recubrimiento por pulverización o inmersión. Además, con pequeñas cantidades de nanomateriales se logran importantes mejoras en el rendimiento de los componentes de los dispositivos de almacenamiento o conversión de energía, lo que sienta un precedente en el campo de la nanotecnología sostenible.

FIGURA 12
Esquema general de cómo se prepararía una tinta acuosa usando nanocelulosa y otras nanoestructuras, como por ejemplo nanotubos o grafeno.

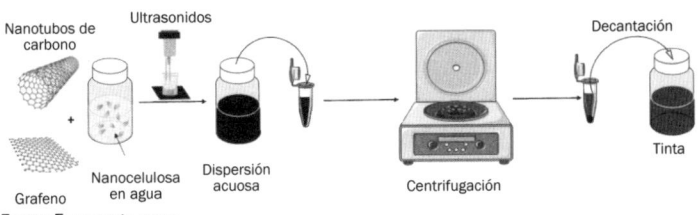

FUENTE: ELABORACIÓN PROPIA.

Hacia un nuevo horizonte nanotecnológico más verde

En definitiva, tras la dispersión controlada de nanoestructuras de carbono y nanocelulosa en un medio acuoso, se forman híbridos heterogéneos en suspensión, compuestos típicamente por muy pocas partículas, que se estabilizan electrostáticamente, impidiendo la formación de agregados insolubles. Estos nuevos nanomateriales híbridos presentan características a nanoescala que van más allá de una mayor afinidad con el agua. El enfoque tradicional (con disolventes orgánicos o detergentes en agua) considera los dispersantes como meros agentes de superficie, pero la incursión de la nanocelulosa en este ámbito propone una visión más ambiciosa, actuando como un factor disruptivo, capaz de interaccionar sinérgicamente en el entorno de las nanopartículas y potenciando sus capacidades. Además, al mejorar la dispersión se optimiza su rendimiento, lo que permite utilizar menores cantidades y reducir los costes. Esto tiene implicaciones económicas, sociales y medioambientales, y puede contribuir a democratizar el acceso a nanotecnologías avanzadas. También implica un cambio de paradigma: ya no se trata solo de encontrar un medio adecuado para dispersar nanopartículas, sino que podemos diseñar sistemas en los que el biopolímero y la nanopartícula trabajen en conjunto, creando materiales híbridos con propiedades nuevas.

La nanocelulosa se erige por tanto como una herramienta especialmente eficiente en un contexto de nanotecnología verde, en particular para nanomateriales basados en carbono y en metales, que a su vez exhiben sinergias únicas, lo que ha llegado a efectos sin precedentes. Otro aspecto importante es la regulación. La introducción de nuevos materiales en el mercado debe ir acompañada de estudios de seguridad, toxicidad y compatibilidad. En este sentido, la nanocelulosa tiene una gran ventaja por su naturaleza biocompatible, pero es necesario seguir investigando para garantizar su uso seguro en todos los contextos. Ciertamente, los resultados a escala de laboratorio que se tienen hasta la fecha invitan a reflexionar de modo muy optimista sobre el rumbo de la nanotecnología. Al poner en el centro a los biopolímeros, y en particular a la nanocelulosa, se abre una vía para integrar ciencia, sostenibilidad y responsabilidad social. Este enfoque puede marcar un punto de inflexión en la forma en que concebimos los materiales del futuro. Los objetivos no se quedan simplemente en rendimiento o innovación, sino en construir tecnologías que estén al servicio de las personas y del planeta para solucionar retos sin generar nuevos inconvenientes. Por todo ello, en el próximo (y último) capítulo, se detallan los nichos de aplicación más importantes para la sociedad, en los que la nanocelulosa es responsable no solo de resolver un reto técnico, sino también de mejorar de raíz los avances nanotecnológicos.

CAPÍTULO 6

Aplicaciones y perspectivas de la nanocelulosa y de sus nanomateriales híbridos: soluciones sostenibles

Los materiales de origen renovable están teniendo en tiempos recientes un papel central en el ámbito de la investigación científica y tecnológica. La nanocelulosa (tal como ya se ha dicho en capítulos anteriores, nanoestructura derivada de la celulosa, el biopolímero más abundante del mundo) se ha posicionado como uno de los materiales más versátiles y prometedores en este contexto. Su dimensión nanométrica le confiere propiedades únicas que la diferencian de la celulosa convencional: mayor resistencia mecánica, muy baja densidad, gran área superficial, transparencia, reactividad química y, sobre todo, biocompatibilidad y biodegradabilidad. A modo de recordatorio, recalcar que existen tres formas principales de nanocelulosa: nanofibras, largas y estrechas, obtenidas por desintegración mecánica o química de microfibras de celulosa; nanocristales, con forma de aguja, generalmente extraídos por hidrólisis ácida, y nanocelulosa bacteriana, producida por ciertas bacterias en forma de hidrogeles hechos de nanofibras entrecruzadas, con una pureza y estructura excepcionales. Todas estas variantes permiten la incursión de la nanocelulosa en diferentes ámbitos de aplicación, desde componentes estructurales hasta sistemas biológicos. Su origen renovable y su capacidad para sustituir materiales sintéticos, los cuales implican procesos de fabricación más contaminantes y una mayor generación de residuos, la convierten en una candidata ideal para la economía circular.

El interés por la nanocelulosa dentro de la comunidad científica ha crecido exponencialmente en la última década. Según bases de datos científicas como Scopus o Web of Science, el número de publicaciones científicas relacionadas con la nanocelulosa se ha multiplicado por diez desde 2010, lo que da cuenta de su creciente relevancia en campos tales como la ingeniería de materiales, la biomedicina, la conversión o almacenamiento de energía y la electrónica. Este auge se ha visto impulsado por avances en técnicas de producción más eficientes por una mayor accesibilidad de la materia prima, conllevando una reducción de costes, y también gracias a una mayor comprensión de sus propiedades fisicoquímicas. Un informe de Verified Market Reports indica que el mercado de la nanocelulosa fue valorado en 419,1 millones de dólares en 2023. Se espera que alcance entre los 1500 y 2000 millones de dólares en 2030, con una tasa de crecimiento anual compuesta en el rango entre el 21 y el 25%. La producción mundial de nanocelulosa, en todas sus formas, está liderada por Estados Unidos (con aproximadamente un 30% del total y muy centrada en aplicaciones comerciales), seguido por Canadá y Japón, también con una producción muy relevante. En Europa destaca más la vertiente investigadora, siendo Suecia y Finlandia países punteros en ello. Sin embargo, el verdadero potencial comercial de la nanocelulosa no reside únicamente en sus propiedades intrínsecas, sino también, y en buena medida, en su aptitud para responder a desafíos globales concretos.

A este respecto, cabe señalar que vivimos actualmente en un mundo marcado por la urgencia de transitar hacia modelos de producción y consumo más sostenibles. Como iniciativa mundial más importante que refleje este hecho podría destacarse la realizada por la Organización de Naciones Unidas (ONU), a través de los objetivos de desarrollo sostenible (ODS). Los ODS de la ONU constituyen una lista de 17 metas globales a seguir por todos los países. Se establecieron oficialmente durante la Cumbre de las Naciones Unidas sobre el Desarrollo Sostenible, que tuvo lugar del 25 al 27 de septiembre de 2015 en la sede de la ONU en Nueva York. Su propósito es erradicar la pobreza, proteger el planeta y asegurar la prosperidad mundial con metas específicas que deben alcanzarse para el año 2030. Este evento reunió a líderes mundiales, representantes de la sociedad civil, el sector privado y organismos internacionales, y culminó con la aprobación por unanimidad de la Agenda 2030 para el Desarrollo Sostenible, un plan de acción global que reúne los ya mencionados propósitos. Dentro de esos 17 objetivos, existen varios que podrían considerarse dentro del marco conceptual de lo que la nanocelulosa, como paradigma de una nanotecnología verde, podría contribuir a conseguir para el bien común:

- ODS 3. Salud y bienestar: garantizar una vida sana y promover el bienestar para tod@s.
- ODS 6. Agua limpia y saneamiento: garantizar la disponibilidad de agua y su gestión sostenible.
- ODS 7. Energía asequible y no contaminante: asegurar el acceso a energía sostenible y moderna.
- ODS 9. Industria, innovación e infraestructura: fomentar la innovación y construir infraestructuras resilientes.
- ODS 12. Producción y consumo responsables: garantizar modalidades de consumo y producción sostenibles.
- ODS 13. Acción por el clima: adoptar medidas urgentes para combatir el cambio climático.
- ODS 14. Vida submarina: conservar y utilizar sosteniblemente los océanos y recursos marinos.
- ODS 15. Vida de ecosistemas terrestres: proteger, restaurar y promover el uso sostenible de los ecosistemas terrestres.

En este sentido, el presente capítulo se va a centrar en tres nichos de aplicación que destacan por su impacto social, económico y ambiental: envases y recubrimientos alimenticios sostenibles como alternativa a los plásticos convencionales; medicina y biotecnología, aprovechando su biocompatibilidad y funcionalidad, y por último dispositivos tales como sensores y de almacenamiento energético. La elección de estos tres sectores como estandartes de aplicación no es arbitraria. Cada uno representa un área de alto consumo de materiales, con una fuerte presión regulatoria y una demanda creciente de soluciones sostenibles. Además, todos ellos pueden beneficiarse directamente de las propiedades únicas de la nanocelulosa, lo que permite desarrollar productos innovadores sin comprometer el rendimiento técnico. Cierto es que, de momento, la práctica totalidad de estas aplicaciones se encuentran en fase experimental, a escala de laboratorio, sin embargo estos tres sectores no solo concentran una gran parte de la investigación actual en nanocelulosa, sino que también representan áreas estratégicas para la transición ecológica. La convergencia entre sostenibilidad, funcionalidad e innovación tecnológica convierte a la nanocelulosa en un material clave para el futuro, capaz de transformar industrias enteras y contribuir a los ODS de Naciones Unidas.

Preservación sostenible de alimentos: una respuesta urgente al problema del plástico

En el caso de los envases y recubrimientos protectores alimentarios, la necesidad de sustituir plásticos de un solo uso ha generado un mercado en expansión para materiales biodegradables. La industria del envasado representa uno de los mayores consumidores de plásticos derivados del petróleo, los cuales traen consecuencias ambientales devastadoras, tales como la contaminación de océanos, emisiones de gases de efecto invernadero y acumulación de residuos no biodegradables. Solo por ponerlo en un contexto actual, según fuentes de la ONU y la Organización para la Cooperación y el Desarrollo Económicos (OCDE), cada año se generan en promedio más de 400 millones de toneladas de plástico en el mundo, de las que se recicla menos del 10%. De todo ello, alrededor de 11 millones de toneladas terminan en lagos, ríos y mares, lo que equivale aproximadamente al peso de 2200 torres Eiffel. Además, en 2024 se estimó que unos 70 millones de toneladas fueron mal gestionadas, contaminando en exceso los ya diezmados ecosistemas terrestres y acuáticos. Entonces, la nanocelulosa emerge en mitad de este panorama como una alternativa ecológica y funcional para el desarrollo de materiales biodegradables de preservación alimenticia, compostables y reciclables, ofreciendo soluciones concretas para reducir el impacto ambiental de los materiales de envasado tradicionales.

Gracias a su estructura fibrilar o acicular y su capacidad para formar entramados densos, la nanocelulosa puede mejorar las propiedades mecánicas de biopolímeros tradicionalmente usados en envases alimenticios, como el ácido poliláctico o el almidón, permitiendo el desarrollo de envases compostables con prestaciones similares a los plásticos tradicionales. Además, también es capaz de mejorar las propiedades de barrera de los ejemplos mencionados, que definen la capacidad del material del envase para impedir o limitar el paso de sustancias como gases (oxígeno, dióxido de carbono, vapor de agua), aromas, luz o microorganismos, con el fin de preservar la calidad, seguridad y vida útil del alimento. Las películas basadas en nanocelulosa muestran alta resistencia a la tracción, baja permeabilidad al oxígeno y alta transparencia, lo que las hace ideales para aplicaciones que requieran contacto con alimentos. Además, su superficie rica en oxígeno permite modificaciones químicas que mejoran la resistencia a la humedad o incorporan funcionalidades activas como sustancias antioxidantes, antimicrobianas o sensores de frescura. La escalabilidad de la producción de nanocelulosa a partir de residuos agrícolas, de papel reciclado o a partir de la actividad de microorganismos también refuerza su viabilidad económica y ambiental.

La selección de la tipología y composición del envasado o del recubrimiento protector de un producto alimenticio son características críticas que determinan la calidad, la seguridad y la frescura del mismo durante las etapas correspondientes a su transporte y almacenamiento. El material de envasado es el principal responsable de proteger los alimentos de los microorganismos causantes de la descomposición, del polvo, de la luz, de la humedad, del oxígeno y de la tensión mecánica durante su manipulación y distribución. En años recientes se han diseñado materiales compuestos a base de nanocelulosa en la preservación de frutas. En un estudio pionero publicado en 2020, liderado por el científico estadounidense de origen hindú Pulickel M. Ajayan, fresas protegidas con una película compuesta de extractos de huevo y nanocristales de celulosa, almacenadas durante 9 días a 4 °C con una humedad relativa del 50%, mostraron una mayor inhibición del ablandamiento de la fruta, lo que se atribuyó al efecto protector de la nanocelulosa. Las buenas propiedades de barrera de la película protectora inhiben el metabolismo respiratorio de las frutas, reduciendo así el consumo de nutrientes. Otros estudios similares han demostrado mejorar la vida útil de mangos mínimamente procesados. Los mangos recubiertos se pueden llegar a almacenar de cinco a diez días a 5 °C y con 75% de humedad relativa. El envejecimiento y la deshidratación de la fruta disminuyen si esta se encuentra envuelta en la película de nanocelulosa compuesta, conservando así su textura suave e induciendo en consecuencia una vida útil más larga a la fruta. En el caso de las verduras, se ha demostrado que recubrimientos protectores a base de nanocelulosa son capaces de conservar el color, la humedad, la textura y otras propiedades de las mismas, alargando significativamente su vida útil. Sin embargo, hasta el día de hoy, estos materiales de recubrimiento solo se han evaluado en muy pocos tipos de alimentos (como, por ejemplo, espinacas o champiñones), por lo que se requiere más investigación para determinar la eficacia del uso de la nanocelulosa en la conservación de la calidad y la prolongación de la vida útil de más tipos de verduras, tanto frescas como procesadas. Sin embargo, el envasado protector de carne a través de la nanocelulosa está más investigado, especialmente en preparados de pollo y de ternera. Generalmente, el tipo de compuestos activos (por ejemplo, aceites esenciales, extractos de plantas, etc.), incluidos en las películas compuestas donde también se encuentra la nanocelulosa, determina su eficiencia para preservar y prolongar la vida útil de diversos productos cárnicos. Además, los derivados de nanocelulosa pueden investigarse como posibles materiales de recubrimiento para el envasado en atmósferas modificadas, atmósferas controladas o incluso envasado al vacío de dichas carnes.

Gracias a sus características de barrera tan favorables, los recubrimientos protectores con nanocelulosa pueden utilizarse para restringir el flujo de gases respiratorios. Ello puede resultar en menores concentraciones de O_2 y mayores concentraciones de CO_2 en el espacio libre del envase, lo que, al igual que el almacenamiento en atmósfera controlada, puede resultar en una reducción de la tasa de respiración del producto alimenticio, lo que a su vez podría prolongar su vida útil. Además, se pueden incorporar diferentes ingredientes activos e inteligentes a la nanocelulosa para proteger alimentos frescos del deterioro microbiológico, de cambios físicos, de modificaciones químicas y de procesos fisiológicos que podrían acortar su vida útil. En definitiva, el uso de nanocelulosa en envases y recubrimientos sostenibles no solo responde a una necesidad urgente, sino que ofrece soluciones técnicamente sólidas y comercialmente atractivas. A pesar de todo ello, aún existen ciertos desafíos en lo que refiere a la utilización y comercialización a gran escala de estos preservantes debido a la limitada investigación disponible sobre su eficacia en el envasado de más tipos de productos alimenticios, tales como otras frutas, verduras y pescados. Por lo tanto, se requiere una evaluación más exhaustiva de diferentes tipos de formulaciones basadas en nanocelulosa para el envasado de diversos alimentos de primera necesidad en diferentes condiciones de almacenamiento y transporte.

Cabe hacer en este punto una aclaración, ya que el uso de nanomateriales en envases de alimentos se ha convertido en una de las áreas de mayor investigación desde la incursión reciente en nuestra sociedad de la nanotecnología. Por lo tanto, es fundamental investigar a fondo sus implicaciones ambientales y de seguridad para las personas que entren en contacto con estos productos nanotecnológicos.

Los posibles riesgos para la salud humana de los nanomateriales han suscitado una preocupación pública creciente, en especial cuando se utilizan en envases de alimentos, debido a la posibilidad de que pudiesen migrar nanopartículas a los alimentos durante su procesado y almacenamiento. Por lo tanto, en lo que respecta al uso de nanomateriales, se deben cumplir las leyes y normativas específicas. El Reglamento (CE) n.º 1935/2004 del Parlamento Europeo y del Consejo, del 27 de octubre de 2004, establece que "los materiales y objetos, incluidos los materiales y objetos activos e inteligentes, se fabricarán de conformidad con las buenas prácticas de fabricación, de modo que, en condiciones normales o previsibles de uso, no transfieran sus componentes a los alimentos en cantidades que puedan poner en peligro la salud humana, provocar un cambio inaceptable en la composición de los alimentos o deteriorar sus características organolépticas". Estos requisitos también son aplicables a la nanocelulosa y sus derivados, aunque este reglamento no aborda disposiciones específicas para ella. Según el Reglamento (UE) n.º 10/2011 de la Comisión, del 14 de enero de 2011, la celulosa y varios de sus derivados ya han sido aprobados para su uso como aditivos en polímeros, como componentes auxiliares y como otras sustancias de partida para el desarrollo de materiales en contacto con alimentos. Sin embargo, la nanocelulosa no figura específicamente en la lista y, por lo tanto, actualmente no está autorizada explícitamente para aplicaciones en contacto con alimentos en la Unión Europea.

Pero tiempo al tiempo, porque los resultados de estudios toxicológicos apuntan a que la nanocelulosa no es citotóxica ni causa efectos sobre el sistema inflamatorio de los macrófagos (es decir, no activa el sistema inmunitario). Por ello se siguen investigando activamente a día de hoy los cambios que podrían ocurrir cuando los alimentos entran en contacto con la nanocelulosa que contendrían los envases utilizados para su preservación, pudiendo así llegar a establecer límites en la ingesta de nanocelulosa antes de que pudiese representar un hipotético riesgo para el consumo humano. Para lograr una evaluación más completa sobre estos temas, es importante que los organismos reguladores establezcan un acuerdo sobre los protocolos y las pruebas necesarias para determinar la seguridad del uso de este nanomaterial, así como sus respectivas variantes y concentraciones.

Medicina y biotecnología: biocompatibilidad al servicio de la salud

La segunda gran área de aplicación de la nanocelulosa se encuentra en el ámbito biomédico, donde sus propiedades únicas la convierten en un material ideal para ingeniería de tejidos, liberación controlada de fármacos, apósitos inteligentes para heridas e implantes médicos. Su biocompatibilidad, capacidad de retención de agua, posibilidad de esterilización y estructura porosa permiten imitar matrices extracelulares, facilitando la adhesión celular y la regeneración de tejidos de manera segura y funcional. En esencia, la nanocelulosa es un nanomaterial idóneo para interactuar con sistemas y entornos biológicos.

La versatilidad de la nanocelulosa permite su uso en diversos tipos de materiales de uso médico, incluyendo estructuras unidimensionales (hilos, fibras), bidimensionales (películas, láminas) y tridimensionales (andamiajes o esponjas). En ingeniería de tejidos, la nanocelulosa se utiliza como soporte tridimensional para albergar el crecimiento de células en aplicaciones tan importantes como la regeneración ósea, la regeneración de cartílagos o de piel. En forma de hidrogel (ya sea gelificando químicamente nanofibras o nanocristales de celulosa, o a partir de los hidrogeles obtenidos a través de la producción bacteriana) puede adaptarse a diferentes formas anatómicas y liberar compuestos bioactivos de manera controlada.

Además, su capacidad para formar películas delgadas y transparentes la hace útil en apósitos inteligentes que monitorizan el estado de una herida o liberan medicamentos según estímulos externos. La posibilidad de modificar químicamente la nanocelulosa con proteínas, enzimas u otras nanopartículas abre la puerta a aplicaciones avanzadas en biosensores, en microfluídica y en medicina personalizada. En este sentido, la nanocelulosa no solo actúa como soporte físico, sino también como plataforma activa para la interacción biológica.

Los apósitos a base de (o reforzados con) nanocelulosa, en concreto, están transformando el contexto en el que se puede llegar a realizar el tratamiento de las heridas, ya que aúnan características cruciales para el proceso de cicatrización. Carecen de toxicidad, permiten el intercambio de gases y líquidos y favorecen la retención de humedad y el control del exudado, a la vez que mejoran el desarrollo de los tejidos biológicos en proceso de reconstitución. Con modificaciones específicas, estos apósitos pueden ser, además, antimicrobianos. En particular, se ha descubierto que la nanocelulosa bacteriana posee características antidesgaste únicas, lo que mejora el tratamiento de las quemaduras cutáneas al enfriar la superficie por evaporación y facilitar la cicatrización sin requerir cambios frecuentes de apósito, evitando infligir dolor al retirarlo. Según resultados de pruebas clínicas realizadas, la nanocelulosa bacteriana ha demostrado con gran éxito un cierre más completo de la herida en quemaduras de espesor tanto parcial como total en pocas semanas, algo sin precedentes en el tratamiento de quemaduras de piel. En otros estudios experimentales, la nanocelulosa bacteriana ha demostrado su beneficio en casos de quemaduras graves. Se ha llegado a observar una cicatrización completa en un plazo de dos meses, además de lograrse el 70% del cierre de la herida en solo tres semanas. Para potenciar las propiedades antibacterianas de estos hidrogeles se ha probado a infundirles sustancias de origen natural (por ejemplo, timol, conocido extracto de tomillo con propiedades antisépticas), llegando a ser capaces de eliminar patógenos específicos de las quemaduras.

En otras investigaciones, esponjas hechas de nanocelulosa también han demostrado actividad antibacteriana contra microorganismos patógenos tales como la *Escherichia coli* (bacterias fecales que pueden causar gastroenteritis o infecciones urinarias) y *Staphylococcus aureus* (causantes de infecciones como neumonía o endocarditis), sin mostrar signos de efectos hemolíticos durante las pruebas de compatibilidad sanguínea. Con la integración de extractos medicinales en las esponjas se han obtenido soluciones avanzadas para el tratamiento de heridas que mejoran la resistencia a la compresión, la durabilidad e incluso la resistencia a los patógenos con respecto a los apósitos convencionales. Debido a su biocompatibilidad excepcional, la facilidad para imitar tejidos biológicos y su robustez mecánica, los apósitos hechos de nanocelulosa, o con nanocelulosa incorporada, han demostrado ser útiles para curar y proteger las heridas de infecciones.

Atendiendo ahora a otro concepto dentro del campo de la medicina, los materiales para implantes biomédicos se diseñan y construyen cuidadosamente con materias primas biocompatibles, tales como metales, cerámicos, polímeros o materiales de origen biológico. Estos implantes han sido posibles gracias a la colaboración interdisciplinar entre profesionales de la ingeniería biomédica, de la ciencia de materiales, de la medicina, y organismos reguladores, desempeñando acciones terapéuticas muy importantes dentro del cuerpo humano. Son vitales en la atención médica actual porque pueden regular procesos fisiológicos tales como el ritmo cardíaco (mediante injertos para restaurar la integridad estructural y la función del corazón) o sanar la motricidad (como hacen los implantes ortopédicos para reemplazos articulares).

En lo que respecta a los implantes cardiovasculares, diversos trastornos cardíacos y arteriales pueden tratarse con estos. Como ejemplos de implantes cardiovasculares comunes que se insertan quirúrgicamente en el cuerpo para curar válvulas dañadas, controlar el ritmo cardíaco o reparar o mejorar el flujo sanguíneo, están los conocidos como *stents*, o también válvulas cardíacas protésicas similares. La nanocelulosa (especialmente la de origen bacteriano) puede desarrollarse como material para conducciones artificiales que pueden reemplazar injertos vasculares pequeños (4 mm) o grandes (más de 6 mm). En comparación con los materiales sintéticos comunes para injertos vasculares, como el poliéster o el teflón, los vasos artificiales de nanocelulosa bacteriana pueden emplearse en conductos vasculares de diámetro moderado y pueden evitar la estenosis (estrechamiento patológico de algún conducto del cuerpo) y la formación de trombos.

Además, la nanocelulosa ha emergido como un componente prometedor en el desarrollo de prótesis articulares, óseas y dentales. Una de las herramientas más útiles que ha posibilitado la fabricación de prótesis personalizadas ha sido la incorporación de nanocelulosa en formulaciones para impresión 3D. Esta metodología permite crear estructuras más intrincadas y complejas con alta precisión, con alta porosidad y adaptables a tejidos vivos, lo cual mejora la integración del implante dentro del cuerpo humano. Cabe recordar que la nanocelulosa, al ser un polímero natural, presenta una alta similitud con la matriz extracelular biológica, lo cual favorece la adhesión celular y la regeneración de tejidos también en las zonas circundantes al implante.

En el campo de los implantes óseos, se ha demostrado que la nanocelulosa puede actuar como refuerzo en componentes de cementos óseos tales como el mineral de hidroxiapatita, mejorando su resistencia mecánica y su capacidad de guiar las nuevas células de hueso creadas. Este avance representa una alternativa más segura y biocompatible frente a las tradicionales aleaciones metálicas.

En cuanto a implantes articulares, la nanocelulosa también ha sido investigada para mejorar la lubricación y reducir el desgaste de superficies en contacto con ella, como en prótesis de rodilla o cadera. Su estructura fibrilar permite una distribución uniforme de cargas y una mayor durabilidad del implante, además de reducir la inflamación postoperatoria gracias a su baja reactividad inmunológica.

En el ámbito dental, la nanocelulosa ha sido explorada como componente de recubrimientos para implantes con el objetivo de prevenir infecciones y mejorar la integración del hueso. Su capacidad para ser modificada con agentes antimicrobianos y su compatibilidad con tejidos tanto duros como blandos hacen de la nanocelulosa una candidata ideal para aplicaciones en implantología oral. Además, se ha investigado su uso en la regeneración de tejidos periodontales y en la fabricación de matrices para injertos óseos dentales.

Precisamente, gracias a la capacidad de la nanocelulosa de integrarse en formulaciones imprimibles en 3D y a todas sus excelentes ventajas dentro del campo biomédico, también está siendo investigada en el ámbito de implantes neuronales por su benignidad para interactuar con el sistema nervioso central. Además, aprovechando que su estructura puede ser modificada químicamente, se han realizado experimentos en este sentido para mejorar la adhesión celular o incorporar funcionalidades eléctricas, lo cual es esencial en interfaces neuroactivas.

Un estudio clave que respalda esta aplicación fue publicado en 2018 por un equipo científico de la Universidad de Chalmers (Suecia), donde fabricaron por impresión 3D unas guías neuronales (estructuras que ayudan a dirigir el crecimiento de las neuronas, especialmente de sus axones), hechas de nanofibras de celulosa y nanotubos de carbono, sobre las cuales se realizaron cultivos celulares de neuronas, concretamente de neuroblastoma humano. Las células demostraron una adhesión y proliferación excepcionales a lo largo de la superficie de las guías impresas. De entre los muchos factores que explicarían este mejor desarrollo celular, la conductividad eléctrica de las guías parece ser el más racional. Estudios como este presentan un enfoque innovador para la fabricación de estructuras compuestas con nanocelulosa, que manifiestan propiedades eléctricas y mecánicas adecuadas para aplicaciones en bioelectrónica, incluyendo implantes neuronales, sin comprometer la biocompatibilidad del sistema. Si bien la nanocelulosa no presenta unos valores de conductividad suficientes, puede combinarse con materiales conductores (como en este caso los nanotubos de carbono), permitiendo la transmisión de señales eléctricas entre neuronas y dispositivos. También a raíz de investigaciones recientes se ha demostrado que la nanocelulosa puede servir como andamiaje para el crecimiento neuronal, promoviendo la regeneración de axones y la reconexión sináptica en áreas lesionadas. Esto abre una importante vía a terapias avanzadas para enfermedades neurodegenerativas, lesiones medulares y trastornos del sistema nervioso periférico.

Por lo tanto, la nanocelulosa constituye una alternativa prometedora y ecológica frente a los materiales sintéticos tradicionales en implantología médica. Su versatilidad, seguridad y capacidad de integración con tejidos vivos la posicionan como un componente clave en el desarrollo de implantes de próxima generación. A pesar de estos avances, aún existen desafíos importantes, como la necesidad de estudios *in vivo* más extensos para evaluar la respuesta de los tejidos biológicos a largo plazo y la estandarización de procesos de producción de nanocelulosa con calidad médica. Sin embargo, los resultados preliminares son alentadores y auguran un futuro prometedor de este material en medicina regenerativa e ingeniería de tejidos. La nanocelulosa está liderando una revolución en el diseño de implantes biomédicos, ofreciendo soluciones más sostenibles, seguras y eficaces. Su versatilidad y compatibilidad con tecnologías tales como la impresión 3D y la nanotecnología de partículas metálicas o de carbono la posicionan como un material clave en el futuro de la biomedicina.

Electrónica, energía y sensores: hacia dispositivos flexibles y degradables

Por último, en la electrónica, la tendencia hacia dispositivos portátiles, flexibles y sostenibles ha abierto nuevas oportunidades para la nanocelulosa como sustrato, componente activo o soporte estructural. Combinada con materiales conductores, puede formar compuestos funcionales para sensores, pantallas biodegradables, dispositivos plegables, baterías y supercondensadores. A pesar de que la nanocelulosa no tenga una conductividad eléctrica suficiente para conformar ella sola un dispositivo eléctrico o electrónico, puede combinarse por ejemplo con grafeno, metales o polímeros conductores, posibilitando este ámbito de aplicación. La nanocelulosa ofrece ventajas únicas en este contexto: es ligera, flexible, transparente y químicamente estable (y hasta determinadas temperaturas también es térmicamente estable), lo que la hace ideal para sustratos de pantallas, de circuitos impresos y de sensores portátiles. Además, su origen renovable y su capacidad para degradarse sin dejar residuos tóxicos la convierten en una alternativa sostenible frente a los materiales electrónicos convencionales.

Ante la creciente demanda de dispositivos electrónicos portátiles (tales como móviles o relojes inteligentes, sistemas portátiles de monitorización de la salud y unidades de interfaz persona-máquina), es fundamental construir sistemas flexibles de almacenamiento de energía con características más ecológicas, más económicas, que sean multifuncionales y de alto rendimiento eléctrico y electroquímico. La nanocelulosa, por tanto, con su abundancia natural y su carácter sostenible (por no volver a mencionar sus excelentes propiedades), se ha convertido en un nanomaterial prometedor que muestra un gran potencial para la fabricación de sistemas funcionales de almacenamiento de energía. La integración de nanocelulosa en la electrónica no solo responde a la demanda de dispositivos portátiles, flexibles y biodegradables, sino que también abre nuevas posibilidades en tecnología "vestible" (del inglés, *wearable*), sensores ambientales y electrónica impresa. En este contexto energético, la nanocelulosa se ha utilizado como precursor de electrodos, como membranas separadoras o como soporte estructural en baterías (mayormente de ion-litio), supercondensadores y celdas solares. Su gran área superficial y capacidad de formar redes porosas favorecen la transferencia de electrones y la retención de electrolitos, mejorando el rendimiento de dichos dispositivos.

Si hay una aplicación estrella en el campo de los dispositivos, electrónicos o de almacenamiento de energía, donde la nanocelulosa esté despuntando absolutamente (desbancando incluso a la celulosa tradicional) es en el de la electrónica transitoria (del inglés, *transient electronics*), también conocida como electrónica efímera. Esta corriente tecnológica se basa en el uso de materiales y dispositivos que se degradan de forma controlada tras un periodo de funcionamiento óptimo sin dejar atrás ningún residuo que sea perjudicial. Semejante estrategia tan innovadora proporciona grandes ventajas frente a los dispositivos convencionales (basados fundamentalmente en materiales no renovables), al limitar la exposición al medioambiente de componentes potencialmente peligrosos tras desechar los dispositivos, fomentando así la circularidad de los materiales. De hecho, los desechos electrónicos están generando una preocupación mundial creciente por provocar la acumulación de materiales tóxicos para el medioambiente y la biosfera, por lo que la solución transitoria es una meta muy perseguida. En el caso de la nanocelulosa y sus derivados, se pueden observar mecanismos de degradación típicos de materiales poliméricos, como son la hidrólisis, la degradación térmica o la enzimática, pudiendo cada uno de estos mecanismos influir en otros, lo que requiere una consideración especial durante la fase de diseño del dispositivo y sus componentes. Uno de los ejemplos pioneros más representativos de electrónica efímera con nanocelulosa fue publicado en 2021 por el grupo de investigación del profesor en Ingeniería Eléctrica Aaron D. Franklin, en la Universidad de Duke (EE UU). Este equipo de investigadores fabricó transistores de película delgada (conocidos comúnmente por sus siglas en inglés como TFT) usando nanocristales de celulosa como dieléctrico (aislante que separa los componentes conductores y permite controlar el flujo de corriente sin conducción directa), nanotubos de carbono como material semiconductor, grafeno como material conductor y papel común como sustrato. Todo ello fue posible gracias al desarrollo de una tinta acuosa de nanocelulosa junto a los nanotubos de carbono y al grafeno, permitiendo la deposición sobre el sustrato de papel mediante impresión por inyección a temperatura ambiente. Estos dispositivos presentan un rendimiento estable durante seis meses en condiciones ambientales y pueden descomponerse de forma controlada, retornando las tintas de grafeno y nanotubos de carbono para su reciclaje (eficiencia de recaptura >95%) y reimpresión de nuevos transistores. La utilidad de estos transistores efímeros se puso a prueba mediante la construcción de un biosensor, totalmente impreso en papel, para la detección de lactato (un parámetro importante de análisis médicos).

Otro gran objetivo de aplicación de la nanocelulosa en el contexto de sostenibilidad es aquel relacionado con el tratamiento y análisis del agua. Los problemas ambientales globales y de contaminación hídrica, que van en ascenso, exigen el uso de materiales renovables para eliminar y controlar contaminantes de los sistemas hídricos. La nanocelulosa despierta especial interés para ello debido, de nuevo, a sus excelentes propiedades y a su benignidad con el medioambiente. Se ha dedicado un considerable esfuerzo de investigación a optimizar los materiales basados en nanocelulosa para aplicaciones en tratamiento de aguas. En este contexto, en los últimos años, la nanocelulosa se ha estudiado intensamente para la eliminación de metales pesados y colorantes de aguas contaminadas por adsorción (retención superficial). Sin embargo, aún existen algunas limitaciones y desafíos sin resolver en la aplicación de dichos adsorbentes de nanocelulosa para eliminar contaminantes más complejos (los llamados de preocupación emergente), pero existe un indudable potencial dentro de este campo de investigación. La hidrofilia de la nanocelulosa, su procesado sencillo, su adecuada capacidad de adsorción y su posibilidad de regeneración la hacen destacar, entre otros materiales, para su interacción con el agua. A pesar de ello, muy pocos trabajos de investigación han explorado realmente la adsorción de contaminantes en aguas residuales industriales a escala piloto, siendo necesario a corto plazo un aumento de escala para asimilarlo a sistemas reales de tratamiento de agua.

Hablando de contaminantes de preocupación emergente en aguas, estos han atraído una atención creciente, tanto a nivel científico como regulatorio debido a su persistencia ambiental y a los riesgos asociados para la salud pública. En un contexto global cada vez más afectado por la escasez de agua, su reutilización surge como una necesidad estratégica, lo que convierte en un objetivo crucial no solo la eliminación efectiva de dichos contaminantes, sino también su monitorización continua en yacimientos de agua mediante análisis químicos que pueden realizarse a través de dispositivos específicos. Aquí la nanocelulosa puede aportar grandes avances y, de nuevo, escribo este estudio, desde el Instituto de Carboquímica (ICB-CSIC) en Zaragoza y en colaboración con la Universidad Tecnológica Metropolitana de Chile y la Universidad de Almería, desde donde estamos trabajando intensamente en esta línea de investigación. En concreto, estamos investigando un sensor electroquímico para la detección rápida, sensible y respetuosa con el medioambiente de sulfametoxazol (un antibiótico catalogado como contaminante de preocupación emergente) en agua.

El mecanismo de detección se basa en usar dispositivos electroquímicos clásicos modificándolos con pequeñas cantidades de tintas conductoras acuosas basadas nanomateriales de carbono y nanocelulosa (mencionadas en el capítulo anterior), lográndose así un límite de detección bajo (aproximadamente 0,2 mg/L) y un amplio rango de detección, evaluado en un efluente hospitalario sintético y validado en una planta piloto experimental de tratamiento de aguas residuales. Resultados como este avalan la fiabilidad de sensores modificados con tintas a base de nanocelulosa y demuestran su potencial para la monitorización rentable y en tiempo real de contaminantes específicos durante los procesos de tratamiento de aguas residuales, ofreciendo una alternativa ecológica a las técnicas analíticas convencionales.

Como se viene observando a lo largo de este capítulo y del anterior, la posibilidad de poder crear tintas y formulaciones en agua con nanocelulosa, imprimibles tanto en 2D como en 3D, es clave para su incursión no solo en implantes, sino también en dispositivos electrónicos. Se prevé que en un futuro próximo podamos ser testigos del auge en la proliferación de dispositivos electrónicos efímeros para electrónica de consumo y de dispositivos sostenibles de análisis o tratamiento de aguas posibilitados por nanomateriales ecodiseñados. Si bien aún se encuentra en etapas muy tempranas, el desarrollo de todos estos ejemplos con nanocelulosa se apoya claramente en el décimo principio de la química verde (diseñar con miras a la degradación), siendo un precepto fundamental para mantener el desarrollo tecnológico hacia un futuro sostenible. En este sentido, la selección de materiales es fundamental: deben ser de origen renovable, de procesado sostenible y poseer una amplia gama de posibilidades de modificación, todas ellas propiedades que la nanocelulosa puede ofrecer, teniendo en mente el maximizar los ciclos de vida.

Aún persisten desafíos relacionados con el rendimiento, la huella de carbono, la total biodegradabilidad, la completa ausencia de toxicidad, la prevención de generación de productos de degradación nocivos (especialmente al utilizar nanocelulosas modificadas químicamente) y el rendimiento. Pero con un diseño cuidadoso, basado en la evidencia científica, se puede lograr un futuro más ecológico y sin residuos, donde los materiales circulen continuamente y los sistemas actuales que dependen de materiales fósiles en la generación o el almacenamiento de energía puedan ser reemplazados por dispositivos basados en nanocelulosa, potenciando, a la vez que preservando, así nuestro planeta para las generaciones futuras.

La revolución diminuta y silenciosa de la naturaleza

Este epílogo es una última mirada de conjunto para comprobar que este viaje ha sido interesante y que las piezas del conocimiento han encajado en el orden intencionado. Empecemos por el principio: hemos entendido qué significa *nano* y por qué el tamaño no es un detalle secundario, sino una punta de lanza que cambia radicalmente cómo se comporta la materia. Se ha expuesto que la nanociencia observa y explica, y que la nanotecnología toma ese conocimiento para resolver necesidades muy concretas, desde la medicina hasta la energía. Casi sin darnos cuenta, hemos ido descubriendo que la naturaleza llevaba siglos y siglos haciendo su trabajo en esta escala diminuta: fabricando nanofibras naturales, organizando nanopartículas magnéticas en organismos microscópicos y, en definitiva, construyendo nanomateriales que, vistos de cerca, esconden arquitecturas y propiedades asombrosas.

Ahí aparece la celulosa, un biopolímero tan cotidiano que a menudo lo damos por sentado y, sin embargo, resulta clave para entender este nuevo horizonte tecnológico. Su estructura jerárquica (esa mezcla de regiones ordenadas y desordenadas que componen la pared celular vegetal) alberga dos tesoros invisibles a simple vista: las nanofibras y los nanocristales. Cuando separamos con cuidado la madeja celulósica emerge una nanoestructura ligera, resistente y moldeable (nanofibras); cuando aislamos las zonas más compactas y perfectamente ordenadas aparecen pequeñas "astillas" cristalinas con una fuerza mecánica difícil de creer para su tamaño (nanocristales). A este repertorio se suma la variante bacteriana, nacida de procesos biológicos que generan hidrogeles de nanocelulosa en condiciones suaves y perfectamente compatibles con la vida. Tres caminos que comparten química, difieren en morfología y convergen en un mismo resultado: propiedades excepcionales, gran área superficial y una afinidad con el agua que abre muchas puertas.

A partir de ahí, el libro ha mostrado que la nanocelulosa importa no solo por lo que es, sino por lo que permite. En un mundo en el que el procesado de nanomateriales sigue apoyándose en procedimientos agresivos y disolventes o aditivos tóxicos, este nanomaterial propone otra lógica: trabajar siempre en agua, preservar las propiedades intrínsecas y reducir la huella de residuos sin sacrificar rendimiento. Usada como agente de dispersión, gelificante o soporte, la nanocelulosa funciona como enlace entre mundos que no se llevan bien con el agua (nanotubos, grafeno, nanopartículas metálicas...), facilitando recubrimientos, impresión y escalado. Esa función habilitadora, inteligente y sencilla a la vez, es uno de los ejes del cambio: cuanto mejor se integra la nanocelulosa en las "recetas" tecnológicas, más fácil resulta transformar un buen experimento en una solución tangible.

El valor de todo esto se entiende al implementarlo en aplicaciones reales. En envases y recubrimientos alimentarios, su capacidad de formar entramados densos y ordenados mejora las barreras a gases y humedad, alarga la vida útil y contribuye a reducir plásticos de un solo uso. En biomedicina, su biocompatibilidad y su facilidad para ser hidrogel, película o andamiaje permiten tratar heridas, regenerar tejidos y liberar fármacos con control y seguridad. En dispositivos impresos para electrónica y energía, su ligereza, transparencia y estabilidad química la convierten en un sustrato o componente activo que se integra en sensores, supercondensadores o transistores de película delgada, incluso en variantes efímeras de todos ellos, que se degradan de manera controlada y reciclable. También asoma su utilidad en el tratamiento y la monitorización del agua, con superficies que adsorben contaminantes y a través de electrodos modificados por tintas acuosas capaces de medir esos contaminantes de forma sencilla y fiable.

Hay otro mensaje subyacente que recorre estas páginas y que merece ser retenido en la memoria: el concepto de bionanofabricación. No toda la nanocelulosa debe llegar por rutas físico-químicas intensivas. La biotecnología ofrece procesos enzimáticos y microbianos de fabricación de nanomateriales que reducen consumos y huellas ecológicas, afinan la selectividad y amplían las fuentes renovables. La naturaleza, en este sentido, no solo inspira, también produce, porque esta ya resolvió buena parte del problema y nos lo puso delante en forma de arquitectura nano escondida en la celulosa. Nuestro trabajo consiste en revelarla y aprender de ella.

La promesa de la nanocelulosa es grande, pero se consolida de verdad cuando la acompañan datos rigurosos, protocolos reproducibles y una integración con la industria y entidades reguladoras. La regulación y la estandarización no son frenos: son carriles que nos permiten pasar del laboratorio al mercado con seguridad y responsabilidad. Y la nanocelulosa no es un destino, sino una plataforma. El futuro no pasa por una "moda nano", sino por una ingeniería de combinaciones sostenibles que conecta ciencia, industria y sociedad.

Para cerrar, una invitación y un compromiso. Para quien se haya acercado a estas páginas por pura curiosidad, el mensaje es directo: no hace falta una bata para pensar como científico o científica. Basta con observar más, tener gran curiosidad y disfrutar del conocimiento que se obtiene al hacer preguntas. Para quienes investigamos, el reto es doble: seguir elevando el rigor (estandarización, datos abiertos, comparabilidad) y, al mismo tiempo, vencer barreras (coste, toxicidad, accesibilidad) para que la tecnología llegue donde más falta hace.

La nanocelulosa no es un final feliz, es un comienzo razonable: una llave verde para una caja de herramientas que va mucho más allá del papel. Si algo estamos aprendiendo en este viaje es que la naturaleza nos presta su laboratorio y nos enseña a producir diminutos tesoros. A cambio, solo le debemos respeto y responsabilidad. Ese es el trato. Y es un buen trato.

Bibliografía

ANDREW, L. J. *et al.* (2025): "Designing for Degradation: Transient Devices Enabled by (Nano)Cellulose", *Advanced Materials,* vol. 37, n.º 22, p. 2401560.

BAJPAI, P. (2018): "Chapter 1 - Introduction and the Literature", *Biermann's Handbook of Pulp and Paper,Volume 1: Raw Material and Pulp Making,* pp. 1-18.

BARHOUM, A. (2022): "Review on Natural, Incidental, Bioinspired, and Engineered Nanomaterials: History, Definitions, Classifications, Synthesis, Properties, Market, Toxicities, Risks, and Regulations", *Nanomaterials,* vol. 12, n.º 2, p. 177.

BIRD, S. (1987): "Illustration of the Lycurgus Cup", en D. B. Harden et al. (eds.), *Glass of the Caesars,* Milán, Olivetti.

CALVO, V. *et al.* (2022): "Synthesis and Processing of Nanomaterials Mediated by Living Organisms", *Angewandte Chemie International Edition,* vol. 61, n.º 9, p. e202113286.

— (2023): "Preparation of Cellulose Nanocrystals: Controlling the Crystalline Type by One-Pot Acid Hydrolysis", *ACS Macro Letters,* vol. 12, n.º 2, pp. 152-158.

— (2024a): "The aqueous processing of carbon nanofibers via cellulose nanocrystals as a green path towards e-textiles with n-type thermoelectric behaviour", *Carbon,* vol. 217, p. 118640.

— (2024b): "Nanocellulose: The Ultimate Green Aqueous Dispersant for Nanomaterials", *Polymers,* vol. 16, n.º 12, p. 1664.

DRESSELHAUS, M. S. y TERRONES, M. (2013): "Carbon-Based nanomaterials from a historical perspective", *Proceedings of the Institute of Electrical and Electronics Engineers,* vol. 101, n.º 7, pp. 1522-1535.

EHRENFREUND, P. y FOING, B. H. (1997): "Fullerenes in space", *Advances in Space Research,* vol. 19, n.º 7, pp. 1033-1042.

EIGLER, D. y SCHWEIZER, E. K. (1990): "Positioning single atoms with a scanning tunnelling microscope", *Nature,* vol. 344, pp. 524-526.

FAIVRE, D. y SCHÜLER, D. (2008): "Magnetotactic Bacteria and Magnetosomes", *Chemical Reviews,* vol. 108, n.º 11, pp. 4875-4898.

FERNANDES, A. *et al.* (2023): "Nanotechnology Applied to Cellulosic Materials", *Materials,* vol. 16, n.º 8, p. 3104.

FREESTONE, I. *et al.* (1990): "The Lycurgus Cup – A Roman Nanotechnology", *Gold Bulletin,* vol. 40, n.º 4, pp. 270-277.

GONZÁLEZ-DOMÍNGUEZ, J. M. (2019): "Unique Properties and Behavior of Nonmercerized Type-II Cellulose Nanocrystals as Carbon Nanotube Biocompatible Dispersants", *Bioma-cromolecules,* vol. 20, n.º 8, pp. 3147-3160.

— (2025): "Rethinking Dispersion in Nanotechnology: Biopolymer Nanostructures as Green Enablers of Functional Integration", *ChemPlusChem,* vol. 91, n.º 1, p. e20240060.

JUNG, S. *et al.* (2020): "Multifunctional Bio-Nanocomposite Coatings for Perishable Fruits", *Advanced Materials,* vol. 32, n.º 26, p. 1908291.

KHAN, M. R. *et al.* (2023): "A review study on derivation of nanocellulose to its functional properties and applications in drug delivery system, food packaging, and biosensing devices", *Polymer Bulletin,* vol. 81, n.º 11, pp. 9519-9568.

KLEMM, D. *et al.* (2005): "Cellulose: Fascinating Biopolymer and Sustainable Raw Material", *Angewandte Chemie International Edition,* vol. 44, n.º 22, pp. 3358-3393.

KUZMENKO, V. *et al.* (2018): "Tailor-made conductive inks from cellulose nanofibrils for 3D printing of neural guidelines", *Carbohydrate Polymers,* vol. 189, pp. 22-30.

MARTÍNEZ-BARÓN, C. *et al.* (2024): "Towards sustainable TiO2 photoelectrodes based on cellulose nanocrystals as a processing adjuvant", *RSC Sustainability,* vol. 2, n.° 7, pp. 2015-2025.

— (2025): "Carbon nanotube film electrodes enabled by nanostructured biopolymers through aqueous processing", *Physical Chemistry Chemical Physics,* vol. 27, n.° 32, pp. 16756-16767.

MOUGUEL, J. B. *et al.* (2016): "Highly Efficient and Predictable Noncovalent Dispersion of Single-Walled and Multi-Walled Carbon Nanotubes by Cellulose Nanocrystals", *Journal of Physical Chemistry C,* vol. 120, n.° 39, pp. 22694-22701.

OZIN, G. A. (1992): "Nanochemistry: Synthesis in Diminishing Dimensions", *Advanced Materials,* vol 4, n.° 10, pp. 612-649.

PALLAS, G. (2018): "Green and Clean: Reviewing the Justification of Claims for Nanomaterials from a Sustainability Point of View", *Sustainability,* vol. 10, n.° 3, p. 689.

REIBOLD, M. *et al.* (1990): "Carbon nanotubes in an ancient Damascus sabre", *Nature,* vol. 444, n.° 7117, p. 286.

SANTOS, F. *et al.* (2024): "Metal-free nanostructured-carbon inks for a sustainable fabrication of zinc/air batteries: From ORR activity to a simple prototype", *Applied Research,* vol. 3, n.° 3, p. e202300023.

SHCHIPUNOV, Y. (2012): "Bionanocomposites: Green sustainable materials for the near future", *Pure and Applied Chemistry,* vol. 84, n.° 12, pp. 2579-2607.

THORAT, M. y DASTAGER, S. (2018): "High yield production of cellulose by a *Komagataeibacter rhaeticus* PG2 strain isolated from pomegranate as a new host", *RSC Advances,* vol. 8, n.° 52, pp. 29797-29805.

WILLIAMS, N. X. *et al.* (2021): "Printable and recyclable carbon electronics using crystalline nanocellulose dielectrics", *Nature Electronics,* vol. 4, n.° 4, pp. 261-268.

Xu, Y. *et al.* (2024): "Nanocellulose Composite Films in Food Packaging Materials: A Review", *Polymers,* vol. 16, n.º 3, p. 423.

Zhang, L. *et al.* (2022): "Greener production of cellulose nanocrystals: An optimised design and life cycle assessment", *Journal of Cleaner Production,* vol. 345, p. 131073.

— (2024): "Discovery of natural few-layer graphene on the Moon", *National Science Review,* vol. 11, n.º 12, p. nwae211.

Títulos de la colección ¿Qué sabemos de?